建筑工人职业技能培训教材

涂 裱 工

（第二版）

住房和城乡建设部干部学院 　主编

华中科技大学出版社

中国·武汉

图书在版编目(CIP)数据

涂裱工/住房和城乡建设部干部学院主编. —2 版. —武汉：华中科技大学出版社，2017.5
建筑工人职业技能培训教材. 建筑装饰装修系列
ISBN 978-7-5680-2384-9

Ⅰ.①涂… Ⅱ.①住… Ⅲ.①工程装修－涂漆－技术培训－教材②工程装修－裱糊工程
－技术培训－教材 Ⅳ.①TU767

中国版本图书馆 CIP 数据核字(2016)第 287327 号

涂裱工(第二版)　　　　　　　　　住房和城乡建设部干部学院　主编
Tubiaogong(Di-er Ban)

策划编辑：金　紫
责任编辑：叶向荣
封面设计：原色设计
责任校对：李　琴
责任监印：张贵君
出版发行：华中科技大学出版社(中国·武汉)　　电话：(027)81321913
　　　　　武汉市东湖新技术开发区华工科技园　邮编：430223
录　　排：京赢环球(北京)传媒广告有限公司
印　　刷：武汉鑫昶文化有限公司
开　　本：880mm×1230mm　1/32
印　　张：8
字　　数：256 千字
版　　次：2017 年 5 月第 2 版第 1 次印刷
定　　价：22.80 元

华中出版

编审委员会

内 容 提 要

本书依据《建筑装饰装修职业技能标准》(JGJ/T 315—2016)的要求,结合在建筑工程中实际的操作应用,重点涵盖了涂裱工必须掌握的"基础理论知识""安全生产知识""现场施工操作技能知识"等。

本书主要内容包括涂裱工识图及色彩知识,涂裱工岗位基本知识,涂裱工岗位操作常用机械机具,涂裱工程常用材料,涂裱施工基层处理,油漆施工操作,涂料施工操作,抹灰施工操作,壁纸裱糊施工操作,玻璃裁切与安装施工操作。

本书可作为四级、五级涂裱工的技能培训教材,也可在上岗前安全培训,以及岗位操作和自学参考中应用。

前　言

2016年3月5日,"工匠精神"首次写入了国务院《政府工作报告》,这也对包括建设领域千千万万的产业工人在内的工匠,赋予了强烈的时代感,提出了更高的素质要求。建筑工人是工程建设领域的主力军,是工程质量安全的基本保障。加快培养大批高素质建筑业技术技能型人才和新型产业工人,对推动社会经济、行业技术发展都有着深远意义。

根据《住房城乡建设部关于加强建筑工人职业培训工作的指导意见》[建人(2015)43号]、《住房城乡建设部办公厅关于建筑工人职业培训合格证有关事项的通知》[建办人(2015)34号]等文件的要求,以及2016年10月1日起正式实施的国家行业标准《建筑工程施工职业技能标准》(JGJ/T 314—2016)、《建筑装饰装修职业技能标准》(JGJ/T 315—2016)、《建筑工程安装职业技能标准》(JGJ/T 306—2016)(以下统称"职业技能标准")的具体规定,为做到"到2020年,实现全行业建筑工人全员培训、持证上岗",更好地贯彻落实国家及行业主管部门相关文件精神和要求,全面做好建筑工人职业技能教育培训,由住房和城乡建设部干部学院及相关施工企业、培训单位等,组织了建设行业的专家学者、培训讲师、一线工程技术人员及具有丰富施工操作经验的工人和技师等,共同编写这套建筑工人职业技能培训教材。

本套丛书依据"职业技能标准"要求,以实现全面提高建设领域职工队伍整体素质,加快培养具有熟练操作技能的技术工人,尤其是加快提高建筑工人职业技能水平,保证建筑工程质量和安全,促进广大建筑工人就业为目标,以建筑工人必须掌握的"基础理论知识""安全生产知识""现场施工操作技能知识"等为核心进行编制,量身订制并打造了一套适合不同文化层次的技术工人和读者需求的技能培训教材。

本套丛书系统、全面,技术新、内容实用,文字通俗易懂,语言生动简洁,辅以大量直观的图表,非常适合不同层次水平、不同年龄的建筑工人在职业技能培训和实际施工操作中应用。

本套丛书按照"职业技能标准"划分为"建筑工程施工""建筑装饰装修""建筑工程安装"3 大系列,并配以《建筑工人安全操作知识读本》,共 22 个分册。

(1)"建筑工程施工"系列包括《钢筋工》《砌筑工》《防水工》《抹灰工》《混凝土工》《木工》《油漆工》《架子工》和《测量放线工》9 个分册,与《建筑工程施工职业技能标准》(JGJ/T 314—2016)划分的建筑施工工种相对应。

(2)"建筑装饰装修"系列包括《镶贴工》《装饰装修木工》《金属工》《涂裱工》《幕墙制作工》和《幕墙安装工》6 个分册,与《建筑装饰装修职业技能标准》(JGJ/T 315—2016)划分的装饰装修工种相对应。

(3)"建筑工程安装"系列包括《电焊工》《电气设备安装调试工》《安装钳工》《安装起重工》《管道工》《通风工》6 个分册,与《建筑工程安装职业技能标准》(JGJ/T 306—2016)划分的建筑安装工种相对应。

由于时间限制,以及编者水平有限,本书难免有疏漏之处,欢迎广大读者批评指正,以便本丛书再版时修订。

编　者
2017 年 2 月　北京

目　　录

导言 ·· 1

上篇　涂裱工岗位基础知识

第一章
涂裱工识图及色彩知识·································· 11

第一节　建筑识图基本方法 ···························· 11
一、施工图分类和作用 ······························ 11
二、阅读施工图的基本方法 ························ 13
第二节　装饰装修构造知识 ···························· 15
一、墙面装修构造知识 ······························ 15
二、清水墙装饰构造 ································· 26
三、顶棚装修构造 ···································· 28
第三节　建筑色彩的认知和应用 ···················· 32
一、色彩基本知识 ···································· 32
二、建筑色彩的功能 ································· 35

第二章
涂裱工岗位基本知识······························· 38

第一节　涂裱工作的地位与作用 ···················· 38
第二节　油漆、涂料的调配 ·························· 39
一、调配涂料颜色的原则 ···························· 39
二、调配涂料颜色的方法 ···························· 40
三、常用腻子调配 ···································· 42

四、大白浆、石灰浆、虫胶漆的调配 ················ 43

五、着色剂的调配 ························· 44

第三节 涂裱施工的操作技法、技巧 ··············· 47

一、涂裱工作的操作技巧 ··················· 47

二、涂裱操作技法 ······················· 50

第四节 打磨、擦揩 ························· 54

一、打磨 ···························· 54

二、擦揩 ···························· 56

第五节 常用涂饰技艺 ······················ 59

一、刷涂 ···························· 59

二、滚涂 ···························· 60

三、喷涂 ···························· 62

第三章
涂裱工岗位操作常用机械机具 ················ 66

第一节 涂饰操作机械机具 ··················· 66

一、涂饰操作手工工具 ···················· 66

二、涂饰操作常用机械 ···················· 69

第二节 抹灰操作常用机械机具 ················· 73

一、抹灰操作手工工具 ···················· 73

二、抹灰操作常用机械 ···················· 80

第三节 裱糊壁纸常用机械机具 ················· 87

一、裱糊壁纸常用工具 ···················· 87

二、裁装玻璃常用工具 ···················· 88

第四章
涂裱工程常用材料 ······················ 91

第一节 石灰、石膏 ······················· 91

一、石灰 ···························· 91

二、磨细生石灰粉 ······················· 92

　　三、建筑石膏 ……………………………………… 93

　　四、水玻璃 …………………………………………… 94

第二节　抹灰砂浆 …………………………………… 94

　　一、抹灰砂浆及要求 ……………………………… 94

　　二、砂浆配合比及其制备 ………………………… 98

第三节　常用涂料 ………………………………… 102

　　一、涂料的分类及选用原则 …………………… 102

　　二、常用清漆 …………………………………… 104

　　三、常用色漆 …………………………………… 105

　　四、常用水溶性涂料 …………………………… 107

　　五、建筑油漆辅助材料 ………………………… 111

　　六、涂料的环保要求 …………………………… 114

第四节　常用壁纸、壁布 ………………………… 114

　　一、壁纸 ………………………………………… 114

　　二、壁布 ………………………………………… 122

　　三、壁纸和墙布的性能及国家通用标志 …… 124

　　四、壁纸和墙布的一般材质要求 …………… 124

第五节　玻璃、玻璃钢 …………………………… 125

　　一、玻璃 ………………………………………… 125

　　二、玻璃钢 ……………………………………… 129

下篇　涂裱工岗位操作技能

第五章
涂裱施工基层处理 ………………………………… 135

第一节　基层性能特征及处理方法 …………… 135

　　一、常见基层性能特征 ………………………… 135

　　二、基层处理的主要方法 ……………………… 135

第二节　木质面基层处理 ……………………… 136

　　一、清理 ………………………………………… 136

二、打磨 …………………………………………… 136

三、漂白 …………………………………………… 137

第三节 金属面基层处理 …………………………… 137

一、手工处理 ……………………………………… 138

二、机械处理 ……………………………………… 138

三、化学处理 ……………………………………… 138

第四节 石灰砂浆、混凝土面基层处理 …………… 138

一、清理、除污 …………………………………… 138

二、修补、找平 …………………………………… 139

第五节 旧涂膜处理 ………………………………… 140

一、火喷法 ………………………………………… 140

二、刀铲法 ………………………………………… 140

三、碱洗法 ………………………………………… 141

四、脱漆剂法 ……………………………………… 141

五、旧基层的处理方法 …………………………… 141

六、其他基层处理特性及要求 …………………… 143

七、各种板材基层处理 …………………………… 146

八、基层防潮处理 ………………………………… 147

第六章
油漆施工操作 ……………………………………… 148

第一节 硝基清漆理平见光及磨退施涂工艺 …… 148

一、施工工序 ……………………………………… 148

二、施工要点 ……………………………………… 148

三、清漆涂饰的质量要求 ………………………… 153

四、成品保护 ……………………………………… 153

第二节 各色聚氨酯磁漆刷亮与磨退工艺 ……… 153

一、施工工序 ……………………………………… 154

二、施工要点 ……………………………………… 154

三、各色聚氨酯磁漆涂饰质量要求 ……………… 156

　　第三节　喷漆施工工艺 ┈┈┈┈┈┈┈┈┈┈┈ 156
　　　　一、施工工序 ┈┈┈┈┈┈┈┈┈┈┈┈┈┈ 157
　　　　二、施工要点 ┈┈┈┈┈┈┈┈┈┈┈┈┈┈ 157
　　　　三、操作注意事项 ┈┈┈┈┈┈┈┈┈┈┈┈ 160
　　第四节　金属面色漆施涂工艺 ┈┈┈┈┈┈┈┈ 160
　　　　一、工艺工序 ┈┈┈┈┈┈┈┈┈┈┈┈┈┈ 160
　　　　二、钢门窗施涂 ┈┈┈┈┈┈┈┈┈┈┈┈┈ 161
　　　　三、镀锌铁皮面施涂 ┈┈┈┈┈┈┈┈┈┈┈ 163
　　第五节　传统油漆施涂工艺 ┈┈┈┈┈┈┈┈┈ 164
　　　　一、油色底广漆面施涂工艺 ┈┈┈┈┈┈┈┈ 164
　　　　二、豆腐底两道广漆面施涂工艺 ┈┈┈┈┈┈ 165
　　　　三、退光漆(推光漆)磨退 ┈┈┈┈┈┈┈┈┈ 167
　　　　四、红木揩漆 ┈┈┈┈┈┈┈┈┈┈┈┈┈┈ 169

第七章
涂料施工操作 ┈┈┈┈┈┈┈┈┈┈┈┈┈┈┈┈┈ 171

　　第一节　石灰浆、大白浆、803涂料施涂工艺 ┈┈ 171
　　　　一、石灰浆施涂 ┈┈┈┈┈┈┈┈┈┈┈┈┈ 171
　　　　二、喷涂石灰浆 ┈┈┈┈┈┈┈┈┈┈┈┈┈ 171
　　　　三、大白浆、803涂料施涂工艺 ┈┈┈┈┈┈ 172
　　第二节　乳胶漆施涂工艺 ┈┈┈┈┈┈┈┈┈┈ 173
　　　　一、室内施涂 ┈┈┈┈┈┈┈┈┈┈┈┈┈┈ 173
　　　　二、室外施涂 ┈┈┈┈┈┈┈┈┈┈┈┈┈┈ 174
　　　　三、高级喷磁型外墙涂料施涂工艺 ┈┈┈┈┈ 175
　　第三节　喷、弹、滚涂等施涂工艺 ┈┈┈┈┈┈ 177
　　　　一、内墙多彩喷涂 ┈┈┈┈┈┈┈┈┈┈┈┈ 178
　　　　二、内、外墙面彩砂喷涂 ┈┈┈┈┈┈┈┈┈ 180
　　　　三、彩弹装饰 ┈┈┈┈┈┈┈┈┈┈┈┈┈┈ 182
　　　　四、滚花 ┈┈┈┈┈┈┈┈┈┈┈┈┈┈┈┈ 185

第八章
抹灰施工操作 …………………………………… 187

第一节 内、外墙面一般抹灰 …………………… 187
一、内墙面一般抹灰 ……………………………… 187
二、外墙面一般抹灰 ……………………………… 192
第二节 顶棚抹灰 ……………………………… 195
一、施工准备 ……………………………………… 195
二、施工工序 ……………………………………… 197
三、施工要点 ……………………………………… 197
第三节 外墙面装饰抹灰 ……………………… 201
一、水刷石装饰施工工艺 ………………………… 201
二、干粘石装饰施工工艺 ………………………… 204
三、拉毛灰施工工艺 ……………………………… 210
四、拉条抹灰施工工艺 …………………………… 213

第九章
壁纸裱糊施工操作 ……………………………… 216

第一节 裱糊壁纸 ……………………………… 216
一、裱糊工序 ……………………………………… 216
二、裱糊工艺 ……………………………………… 216
第二节 其他材料裱糊 ………………………… 219
一、裱糊玻璃纤维墙布 …………………………… 219
二、裱糊绸缎 ……………………………………… 219
三、裱糊金属膜壁纸 ……………………………… 220

第十章
玻璃裁切与安装施工操作 ……………………… 221

第一节 玻璃喷砂和磨砂 ……………………… 221
一、玻璃喷砂 ……………………………………… 221

二、玻璃磨砂 ……………………………………… 221

第二节 玻璃钻孔及开槽的方法 ………………… 222

一、玻璃钻孔方法 ………………………………… 222

二、玻璃开槽方法 ………………………………… 223

第三节 玻璃的化学蚀刻 ………………………… 224

一、准备工作 ……………………………………… 224

二、操作方法 ……………………………………… 224

三、操作注意事项 ………………………………… 225

第四节 玻璃安装 ………………………………… 225

一、木门窗玻璃安装 ……………………………… 225

二、铝合金门窗玻璃安装 ………………………… 225

三、幕墙玻璃安装 ………………………………… 227

四、镜面玻璃安装 ………………………………… 228

五、栏板玻璃安装 ………………………………… 230

第五节 玻璃的搬运及存放 ……………………… 231

一、玻璃的搬运要求 ……………………………… 231

二、玻璃存放及保管 ……………………………… 231

附录
涂裱工职业技能考核模拟试题 ………………… 233

参考文献 ………………………………………… 237

导　　言

依据《建筑装饰装修职业技能标准》(JGJ/T 315—2016)规定,建筑装饰装修职业技能等级由低到高分为职业技能五级、职业技能四级、职业技能三级、职业技能二级和职业技能一级,分别对应"初级工""中级工""高级工""技师"和"高级技师"。

按照建筑工人职业技能培训考核规定,在取得本职业职业技能五级证书后方可申报考核四级证书,结合建筑装饰装修现场施工的实际情况以及建筑工人文化水平层次不同、技能水平差异等,本书重点涵盖了职业技能五级(初级工)、职业技能四级(中级工)和职业技能三级(高级工,安全及现场操作技能部分)应掌握的知识内容,以更好地适合职业培训需要,也可作为建筑工人现场施工应用的技术手册。

1.四级、五级涂裱工职业技能模块划分及要求

(1)职业技能模块划分。

"职业技能标准"中,把职业技能分为安全生产知识、理论知识、操作技能三个模块,分别包括下列内容。

1)安全生产知识:安全基础知识、施工现场安全操作知识两部分内容。

2)理论知识:基础知识、专业知识和相关知识三部分内容。

3)操作技能:基本操作技能、工具设备的使用与维护、创新和指导三部分内容。

(2)职业技能基本要求。

1)职业技能五级:能运用基本技能独立完成本职业的常规工作;能识别常见的建筑工程施工材料;能操作简单的机械设备并进行例行保养。

2)职业技能四级:能熟练运用基本技能独立完成本职业的常规工作;能运用专门技能独立或与他人合作完成技术较为复杂的工作;能区分常见的建筑工程施工材料;能操作常用的机械设备并进行一般的维修。

2.五级涂裱工职业要求和职业技能

(1)五级涂裱工职业要求,见表0-1。

表 0-1　　　　　　　　　职业技能五级涂裱工职业要求

项次	分类	专业知识
1	安全生产知识	(1)掌握工器具的安全使用方法 (2)熟悉劳动防护用品的使用功用 (3)了解安全生产基本法律法规
2	理论知识	(4)熟悉涂裱材料的堆放与保管 (5)熟悉一般涂裱材料的配制方法 (6)熟悉涂裱工基本工作内容 (7)熟悉各种物面的基层处理要求 (8)了解建筑装饰识图的基本内容 (9)了解装饰涂裱工基本工作内容 (10)了解常用涂料、壁纸、胶黏剂、玻璃材料 (11)了解涂裱工常用手工工具的使用方法
3	操作技能	(12)能够安全合理地堆放、保管易燃、易碎材料 (13)能够识别常用涂料、壁纸及玻璃材料 (14)能够裁划普通(3～5mm)玻璃条 (15)会正确选用涂饰、裱糊及玻璃手工工具 (16)会配制清油、清胶、化学浆糊(熟胶粉)、油灰及建筑胶水裱糊料 (17)会火喷子(喷灯)操作 (18)会用烧碱水清洗旧油漆饰面,用脱漆剂清除木制品面的旧油漆,用钨钢铲铲刮门窗旧油漆 (19)会木窗抄清油 (20)会在墙面滚涂水性涂料,在墙面粘贴壁纸

(2)五级涂裱工职业技能,见表0-2。

表 0-2　　　　　　　　　职业技能五级涂裱工技能要求

项次	项目	范围	内容
安全生产知识	安全基础知识	法规与安全常识	(1)安全生产的基本法规及安全常识
	施工现场安全操作知识	安全生产	(2)劳动防护用品、工器具的正确使用
		文明施工	(3)安全生产操作规程

续表

项次	项 目	范 围	内 容
理论知识	基本知识	规范要求	(4)地区特点和气候条件概况 (5)装饰涂裱工岗位责任和规范要求
		注意事项	(6)室内、外装修注意事项
	专业知识	常用材料	(7)涂料 (8)壁纸 (9)玻璃
		简单配制	(10)清油的配制方法 (11)清胶的配制方法 (12)化学浆糊的配制方法 (13)油灰的加工方法 (14)裱糊胶黏剂的配制方法
		涂裱工基本功	(15)刷涂的操作方法 (16)滚涂的操作方法 (17)粘贴壁纸的操作方法 (18)裁划玻璃的操作方法
		各种物面的基层处理	(19)木材面的基层处理 (20)抹灰面的基层处理 (21)金属面的基层处理 (22)其他物面的基层处理 (23)旧涂膜的基层处理方法
		质量标准	(24)施工质量验收规范
	相关知识	材料管理	(25)涂料的堆放与保管 (26)壁纸、布的堆放与保管 (27)玻璃的堆放与保管

项次	项 目	范 围	内 容
操作技能	基本操作技能	常用材料	(28)涂料的识别 (29)壁纸(布)的识别 (30)玻璃的识别
		配制涂裱材料	(31)清油配制 (32)清胶配制 (33)建筑胶水裱糊料配制 (34)调配油灰配制 (35)化学浆糊配制
		基层处理	(36)火喷子(喷灯)的操作 (37)旧油漆洗烧碱水操作 (38)旧油漆用脱漆剂除漆操作 (39)钢窗旧油漆的清除操作
		施工操作	(40)木窗抄清油 (41)墙面滚涂水性涂料 (42)粘贴壁纸(布) (43)裁划普通玻璃
		质量标准	(44)质量自检
	工具设备的使用与维护	常用工具	(45)涂饰工具的使用和维护 (46)裱糊工具的使用和维护 (47)玻璃工具的使用和维护

3.四级涂裱工职业要求和职业技能

(1)四级涂裱工职业要求,见表 0-3。

表 0-3　　　　　　　　职业技能四级涂裱工职业要求

项次	分 类	专业知识
1	安全生产知识	(1)掌握本工种安全生产操作规程 (2)熟悉安全生产基本常识及常见安全生产防护设施的功用 (3)了解安全生产基本法律法规

续表

项次	分类	专 业 知 识
2	理论知识	(4)掌握建筑装饰、装修安全技术操作规程 (5)掌握裁、装木门窗玻璃工艺 (6)熟悉涂裱材料的配制 (7)熟悉旧涂饰面翻新工艺 (8)熟悉平顶壁纸的施工工艺 (9)熟悉石膏拉毛工艺 (10)熟悉划宽、窄油线工艺 (11)熟悉常见疵病的处理方法 (12)了解房屋构造基础知识 (13)了解建筑装饰、装修施工验收规范和质量评定标准 (14)了解涂裱工常用机械的使用方法和维护
3	操作技能	(15)熟练调换旧木门窗玻璃 (16)能够配制色漆、无光油、石膏纯油腻子、白胶裱糊胶黏剂、润粉料、石膏拉毛腻子 (17)能够对旧钢、木门窗翻新做分色漆 (18)会旧油漆墙面翻新做无光漆,贴金属壁纸,滚花 (19)会异形顶棚壁纸裱糊 (20)会划宽窄油线 (21)会石膏拉毛

(2)四级涂裱工职业技能,见表0-4。

表0-4　　　　　职业技能四级涂裱工技能要求

项次	项目	范围	内容
安全生产知识	安全基础知识	法规与安全常识	(1)安全生产的基本法规及安全常识
	施工现场安全操作知识	安全操作	(2)安全生产操作规程
		文明施工	(3)工完料清,文明施工

项次	项 目	范 围	内 容
理论知识	基本知识	房屋构造	(4)一般民用建筑的构造 (5)房屋构造与本工种的关系
	专业知识	配制	(6)油性涂料的配制方法 (7)腻子的配制方法 (8)白胶裱糊料配制方法
		施工常识	(9)旧涂饰面翻新工艺 (10)异形顶棚壁纸(布)操作工艺 (11)裁、装木门窗玻璃工艺 (12)划宽、窄油线工艺 (13)拉毛工艺
		质量标准	(14)涂料工程验收 (15)裱糊工程验收 (16)玻璃工程验收
	相关知识	常见疵病	(17)涂饰工程病态分析处理 (18)裱糊工程病态分析处理 (19)玻璃工程病态分析处理
操作技能	基本操作技能	配制油漆及腻子	(20)色漆配制 (21)无光油配制 (22)石膏纯油腻子配制 (23)白胶裱糊胶黏剂配制 (24)润粉料配制 (25)石膏拉毛腻子配制
		涂饰面翻新	(26)旧油漆面做无光漆 (27)旧涂料墙面裱糊金属壁纸 (28)旧平顶裱糊壁纸 (29)旧涂料墙面滚花 (30)旧钢、木门窗做分色油漆
		旧木门窗玻璃	(31)量玻璃尺寸 (32)裁划玻璃 (33)安装玻璃

续表

项次	项 目	范 围	内 容
操作技能	基本操作技能	拉毛、划宽、窄油线	(34)石膏拉毛 (35)划宽油线 (36)划窄油线
		质量标准	(37)质量互检
	工具设备的使用与维护	常用机具	(38)涂饰机械的使用和维护 (39)裱糊机械的使用和维护 (40)玻璃机械的使用和维护

　　本书根据"职业技能标准"中关于涂裱工职业技能五级(初级工)、职业技能四级(中级工)和职业技能三级(高级工,安全及现场操作技能部分)的职业要求和技能要求编写,理论知识以易懂够用为准绳,重点突出既能满足职业技能培训需要,也能满足现场施工实际操作应用,提高工人操作技能水平的作用,也可供职业技能二级、一级的人员(技师及高级技师)参考应用。

上篇

涂裱工岗位基础知识

第一章　涂裱工识图及色彩知识

第二章　涂裱工岗位基本知识

第三章　涂裱工岗位操作常用机械机具

第四章　涂裱工程常用材料

第一章 涂裱工识图及色彩知识

第一节 建筑识图基本方法

一、施工图分类和作用

1. 施工图的产生

一项建筑工程项目从制订计划到最终建成,须经过一系列的环节,房屋的设计是其中一个重要环节。通过设计,最终形成施工图,作为指导房屋建设施工的依据。房屋的设计工作分为初步设计、施工图设计、技术设计三个阶段。对于大型、较为复杂的工程,设计时分三个阶段进行;一般工程的设计则常分初步设计和施工图设计两个阶段进行。

(1)初步设计。

当确定建造一幢房屋后,设计人员根据建设单位的要求,通过调查研究、收集资料、反复综合构思,做出的方案图,即初步设计。内容包括建筑物的各层平面布置、立面及剖面形式、主要尺寸及标高、设计说明和有关经济指标等。初步设计应报有关部门审批。对于重要的建筑工程,应多做几个方案,并绘制透视图,加上色彩,以便建设单位及有关部门进行比较和选择。

(2)施工图设计。

在已批准的初步设计基础上,为满足施工的具体要求,分建筑、结构、采暖、给排水、电气等专业进行深入细致的设计,完成一套完整的反映建筑物整体及各细部构造、结构和设备的图样以及有关的技术资料,即施工图设计,产生的全部图样称为施工图。

(3)技术设计。

技术设计是对重大项目和特殊项目为进一步解决某些具体技术问题,或确定某些技术方案而进行的设计。具体地说,它是为进一步确定初步设计中所采用的工艺,解决建筑、结构上的主要技术问题,校正设备选择、建设规模及一些技术经济指标而对建设项目增加的一个设计阶段。有时可将技术设计阶段的一部分工作纳入初步设计阶段,称为扩大初步设计,简称"扩初",另一部分工作则留待施工图设计阶段进行。

2.建筑工程施工图的基本要求及分类

(1)建筑工程施工图的基本要求。

建筑工程施工图是一种能够准确表达建筑物的外形轮廓、大小尺寸、结构形式、构造方法和材料做法的图样,是沟通设计和施工的桥梁。施工图是设计单位最终的"技术产品",施工图设计的最终文件应满足四项要求:

1)能据以编制施工图预算;

2)能据以安排材料、设备订货和非标准设备的制作;

3)能据以进行施工和安装;

4)能据以进行工程验收。施工图是进行建筑施工的依据,对建设项目建成后的质量及效果,具有相应的技术与法律责任说明作用。

因此,常说"必须按图施工"。即使是在建筑物竣工投入使用后,施工图也是对该建筑进行维护、修缮、更新、改建、扩建的基础资料。特别是一旦发生质量或使用事故,施工图是判断技术与法律责任的主要依据。

(2)施工图的分类。

施工图纸一般按专业进行分类,分为建筑、结构、设备(给排水、采暖通风、电气)等几类,分别简称为"建施""结施""设施"("水施""暖施""电施")。每一种图纸又分基本图和详图两部分。基本图表明全局性的内容,详图表明某一局部或某一构件的详细尺寸和材料做法等。

1)建筑施工图:主要说明建筑物的总体布局、外部造型、内部布置、细部构造、装饰装修和施工要求等,其图纸主要包括总平面图、建筑平面图、建筑立面图、建筑剖面图、建筑详图等。

2)结构施工图:主要说明建筑的结构设计内容,包括结构构造类型,结构的平面布置,构件的形状、大小,材料要求等,其图纸主要有结构平面布置图、构件详图等。

3)设备施工图:包括给水、排水、采暖通风、电气照明施工图等,主要有平面布置图、系统图等。

3.施工图的编排顺序

一套建筑工程施工图往往有几十张,甚至几百张,为了便于看图,便于查找,应当把这些图纸按顺序编排。

建筑工程施工图的一般编排顺序:图纸目录、施工总说明、建筑施工图等。

各专业的施工图,应按图纸内容的主次关系进行排列。例如:基本图在前,详图在后;布置图在前,构件图在后;先施工的图在前,后施工的图在后等。

表1-1为施工图图纸目录,它是按照图纸的编排顺序将图纸统一编号,通常放在全套图纸的最前面。

表 1-1　　　　　　　　　×××工程施工图目录

序　号	图　号	图　名	备　注
1	总施—1	工程设计总说明	
2	总施—2	总平面图	
3	建施—1	首层平面图	
4	建施—2	二层平面图	
……			
13	结施—1	基础平面图	
14	结施—2	基础详图	
……			
21	水施—1	首层给排水平面图	
……			
28	暖施—1	首层采暖平面图	
……			
30	电施—1	首层电气平面图	
31	电施—2	二层电气平面图	
……			

二、阅读施工图的基本方法

1.读图应具备的基本知识

施工图是根据投影原理,用图纸来表明房屋建筑的设计和构造做法的。因此，要看懂施工图的内容，必须具备以下基本知识：

（1）应熟练掌握投影原理和建筑形体的各种表示方法；

（2）熟悉房屋建筑的基本构造；

（3）熟悉施工图中常用图例、符号、线型、尺寸和比例等的意义和有关国家标准的规定。

2.阅读施工图的基本方法与步骤

要准确、快速地阅读施工图纸，除了要具备上面所说的基本知识外，还需掌握一定的方法。图纸的阅读可分三步进行。

（1）第一步：按图纸编排顺序阅读。

通过对建筑的地点、建筑类型、建筑面积、层数等的了解，对该工程有一个初步的了解；

再看图纸目录，检查各类图纸是否齐全；了解所采用的标准图集的编号及编制单位，将图集准备齐全，以备查看；

然后按照图纸编排顺序，即建筑、结构、水、暖、电的顺序对工程图纸逐一进行阅读，以便对工程有一个概括、全面的了解。

（2）第二步：按工序先后，相关图纸对照读。

先从基础看起，根据基础了解基坑的深度，基础的选型、尺寸、轴线位置等，另外还应结合地质勘探图，了解土质情况，以便施工中核对土质构造，保证施工质量；然后按照基础→结构→建筑的顺序，并结合设备施工程序进行阅读。

（3）第三步：按工种分别细读。

由于施工过程中需要不同的工种完成不同的施工任务，所以为了全面准确地指导施工，考虑各工种的衔接以及工程质量和安全作业等措施，还应根据各工种的施工工序和技术要求进一步细读图纸。例如砌筑工要了解墙厚、墙高、门窗洞口尺寸、窗口是否有窗套或装饰线等；钢筋工则应注意凡是有钢筋的图纸，都要细看，这样才能配料和绑扎。

总之，施工图阅读总原则是，从大到小、从外到里、从整体到局部，有关图纸对照读，并注意阅读各类文字说明。看图时应将理论与实践相结合，联系生产实践，不断反复阅读，才能尽快地掌握方法，全面指导施工。

第二节 装饰装修构造知识

一、墙面装修构造知识

墙体饰面设计对提高建筑物的使用功能和增强建筑物的艺术效果起着重要作用,可为人们创造优美、舒适的环境。

对墙体进行装修处理,可防止墙体结构遭风、雨的直接袭击,提高墙体防潮、抗风化的能力,从而增强墙体的坚固性和耐久性;还可改善墙体热工性能,增加室内光线的反射,提高室内照度。对有吸声要求的房间的墙体进行吸声处理后,还可改善室内音质效果。

1. 墙体饰面分类

按照材料和施工方式的不同,常见的墙体装修可分为抹灰类、贴面类、涂料类、裱糊类和铺钉类。墙体饰面分类见表 1-2。

表 1-2 墙体饰面分类

类 型	室 外 装 修	室 内 装 修
抹灰类	水泥砂浆、混合砂浆、聚合物水泥砂浆、拉毛、水刷石、干粘石、斩假石、拉假石、假面砖、喷涂、滚涂等	纸筋灰、麻刀灰粉、石膏粉面、膨胀珍珠岩浆、混合砂浆、拉毛、拉条等
贴面类	外墙面砖、陶瓷马赛克、玻璃马赛克、人造石板、天然石板等	釉面砖、人造石板、天然石板等
涂料类	石灰浆、水泥浆、溶剂型涂料、乳液涂料、彩色胶砂涂料、彩色弹涂等	大白浆、石灰浆、油漆、乳胶漆、水溶性涂料、弹涂等
裱糊类	—	塑料墙纸、金属面墙纸、木纹壁纸、花纹玻璃纤维布、纺织面墙纸及锦缎等
铺钉类	各种金属饰面板、石棉水泥板、玻璃	各种木夹板、木纤维板、石膏板及各种装饰面板等

2.抹灰类墙体饰面构造

抹灰又称粉刷,是由水泥、石灰为胶结料加入砂或石碴,与水拌和成砂浆或石碴浆,然后抹到墙体上的一种操作工艺。抹灰是一种传统的墙体装修方式,主要优点是材料来源广,施工简便,造价低廉;缺点是饰面的耐久性低、易开裂、易变色。因为多为手工操作,且湿作业施工,所以工效较低。

墙体抹灰应有一定厚度,外墙一般为 20～25mm;内墙为 15～20mm。为避免抹灰出现裂缝,保证抹灰与基层黏结牢固,墙体抹灰层不宜太厚,而且需分层施工,构造如图 1-1 所示。普通标准的装修,抹灰由底层和面层组成。高级标准的抹灰装修,在面层和底层之间,设一层或多层中间层。

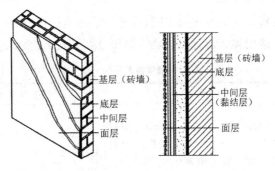

图 1-1　墙体抹灰构造

底层抹灰具有黏结装修层与墙体和初步找平的作用,又称找平层或打底层,施工中俗称刮糙。对普通砖墙常用石灰砂浆或混合砂浆打底,对混凝土墙体或有防潮、防水要求的墙体则需用水泥砂浆打底。

面层抹灰又称罩面,对墙体的美观有重要影响。作为面层,要求表面平整、无裂痕、颜色均匀。面层抹灰按所处部位和装修质量要求可用纸筋灰、麻刀灰、砂浆或石碴浆等材料罩面。

中间层用作进一步找平,减少底层砂浆干缩导致面层开裂的可能,同时作为底层与面层之间的黏结层。

根据面层材料的不同,常见的抹灰装修构造包括分层厚度、用料比例以及适用范围。常用抹灰做法参见表 1-3。

表 1-3 常用抹灰做法举例

抹灰名称	构造及材料配合比	适用范围
纸筋(麻刀)灰	12～17mm厚的1：2～1：2.5石灰砂浆(加草筋)打底； 2～3mm厚的纸筋(麻刀)灰粉面	普通内墙抹灰
混合砂浆	12～15mm厚的1：1：6(水泥、石灰膏、砂)混合砂浆打底； 5～10mm厚的1：1：6(水泥、石灰膏、砂)混合砂浆粉面	外墙、内墙均可
水泥砂浆	15mm厚的1：3水泥砂浆打底； 10mm厚的1：2～1：2.5水泥砂浆粉面	多用于外墙或内墙易受潮湿侵蚀部位
水刷石	15mm厚的1：3水泥砂浆打底； 10mm厚的1：(1.2～1.4)水泥石碴抹面后水刷	用于外墙
干粘石	10～12mm厚的1：3水泥砂浆打底； 7～8mm厚的1：0.5：2另加5%加108胶的混合砂浆黏结层； 3～5mm厚的彩色石碴面层(用喷或甩方式进行)	用于外墙
斩假石	15mm厚的1：3水泥砂浆打底； 刷素水泥浆一道； 8～10mm厚的水泥石碴粉面； 用剁斧斩去表面层水泥浆和石尖部分使其显出凿纹	用于外墙或局部内墙
水磨石	15mm厚的1：3水泥砂浆打底； 10mm厚的1：1.5水泥石碴粉面,磨光、打蜡	多用于室内潮湿部位
膨胀珍珠岩	12mm厚的1：3水泥砂浆打底； 9mm厚的1：16膨胀珍珠岩灰浆粉面(面层分2次操作)	多用于室内有保温或吸声要求的房间

对易受碰撞的内墙凸出的转角处或门洞的两侧,常用1：2水泥砂浆抹1.5m高,以素水泥浆对小圆角进行处理,俗称护角,如图1-2所示。

此外,在外墙抹灰中,由于墙面抹灰面积较大,为避免面层产生裂纹和方便施工操作,以及立面处理的需要,常对抹灰面层做分格处理,俗称引条线。为防止雨

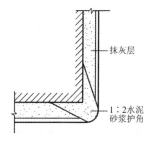

图 1-2 护角示意图

水通过引条线渗透到室内,必须做好防水处理,通常利用防水砂浆或其他防水材料做勾缝处理,其构造如图 1-3 所示。

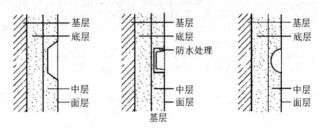

图 1-3　引条线

3.贴面类墙体饰面构造

贴面类墙体饰面,是利用各种天然的或人造的板、块对墙体进行装修处理。这类装修具有耐久性强、施工方便、质量高、装饰效果好等优点;而缺点是个别块材脱落后难以修复。常见的贴面材料包括陶瓷马赛克、陶瓷面砖、玻璃马赛克和预制水泥石、水磨石板以及花岗石、大理石等天然石板。其中质感细腻的瓷砖、大理石板多用作室内装修;而质感粗糙、耐候性好的陶瓷马赛克、面砖、墙砖、花岗岩板等多用作室外装修。

(1)陶瓷面砖、马赛克贴面。

1)陶瓷面砖、马赛克饰面材料种类如下。

①陶瓷面砖,色彩艳丽、装饰性强。其规格为 100mm×100mm×7mm,有白、棕、黄、绿、黑等色。具有强度高、表面光滑、美观耐用、吸水率低等特点,多用作内、外墙及柱的饰面。

②陶土无釉面砖,俗称面砖,质地坚固、防冻、耐腐蚀。主要用作外墙面装修,有白、棕、红、黑、黄等颜色,有光面、毛面和各种纹理饰面。

③瓷土釉面砖,常见的有瓷砖彩釉墙砖。瓷砖为薄板制品,又称瓷片。釉面有白、黄、粉、蓝、绿等色及各种花纹图案。瓷砖多用作厨房、卫生间的墙裙或对卫生要求较高的墙体贴面。

④瓷土无釉砖,主要包括马赛克及无釉砖。马赛克由各种颜色、方形或其他多种几何形的小瓷片拼制而成。生产时将小瓷片拼贴在300mm×300mm 或 400mm×400mm 的牛皮纸上,可形成色彩丰富、图案繁多的装饰制品,又称纸皮砖。原用作地面装修,因其图案丰富、色

泽稳定,加之耐污染,易清洁,也用于墙面。

⑤玻璃马赛克,是半透明的玻璃质饰面材料。与陶瓷马赛克一样,生产时就将小玻璃瓷片铺贴在牛皮纸上。它质地坚硬、色调柔和典雅,性能稳定,具有耐热、耐寒、耐腐蚀、不龟裂、表面光滑、雨后自洁、不褪色和自重轻等特点。其背面带有凸棱线条,四周呈斜角面,铺成后的灰缝呈楔形,可与基层黏结牢固,是外墙装饰较为理想的材料之一。它有白色、咖啡色、蓝色和棕色等多种颜色,也可组合成各种花饰。玻璃瓷片规格为 20mm×20mm×4mm,可拼为 325mm×325mm 规格纸皮砖。其构造与面砖贴面相同。

2)贴面饰面构造做法。

陶瓷砖用于外墙面装修,其构造多采用 10~15mm 厚的 1:3 水泥砂浆打底,5mm 厚 1:1 水泥砂浆黏结层,粘贴各类面砖材料。在外墙面砖之间粘贴时留出约 13mm 缝隙,以增加材料的透气性,如图 1-4(a)所示。

用于内墙面装修,其构造多采用 10~15mm 厚的 1:3 水泥砂浆或 1:3:9 水泥石灰膏砂浆打底,8~10mm 厚的 1:0.3:3 水泥石灰膏砂浆黏结层,外贴瓷砖,如图 1-4(b)所示。

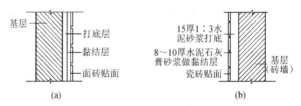

图 1-4　陶瓷砖贴面构造

(2)天然石板、人造石贴面。

用于墙面装修的天然石板有大理石板和花岗岩板,属于高级墙体饰面装修。

1)石材的种类如下。

①大理石。

大理石又称云石,表面经磨光后纹理雅致,色泽图案美丽如画,在我国很多地区都出产,如杭灰、苏黑、宜兴咖啡、东北绿、南京红以及北京房山的白色大理石(汉白玉)等。

②花岗石。

质地坚硬、不易风化,能适应各种气候变化,故多用作室外装修。颜色有黑、灰、红、粉红等。根据对石板表面加工方式的不同可分为剁斧石、火爆石、蘑菇石和磨光石四种。剁斧石外表纹理可细可粗,多用作室外台阶踏步铺面,也可用作台基或墙面。火爆石为花岗石板表面经喷灯火爆后制成,表面呈自然粗糙状,有特定的装饰效果。蘑菇石表面呈蘑菇状凸起,多用作室外墙面装修。磨光石表面光滑如镜,可用作室外墙面装修,也可用作室内墙面、地面装修。

大理石板和花岗石板有方形和长方形。常见尺寸为 600mm×600mm、600mm×800mm、800mm×800mm、800mm×1000mm,厚度一般为 20mm,也可按需要加工所需尺度。

③人造石板常见的有人造大理石、水磨石板等。

2)石材饰面的构造做法。

①挂贴法施工。

对于平面尺寸不大、厚度较薄的石板,先在墙面或柱面上固定钢筋网,再用钢丝或镀锌铅丝穿过事先在石板上钻好的孔眼,将石板绑扎在钢筋网上。因此,固定石板的水平钢筋(或钢箍)的间距应与石板高度尺寸一致。当石板就位、校正、绑扎牢固后,在石板与墙或柱之间,浇筑1：3 水泥砂浆或是膏浆,厚 30mm 左右,如图 1-5 所示。

②干挂法施工。

对于平面尺寸和厚度较大的石板,用专用卡具、射钉或螺钉,把它与固定于墙上的角钢或铝合金骨架进行可靠连接,石板表面用硅胶嵌缝,不需内部再浇筑砂浆,称为石材幕墙,如图 1-6 所示。

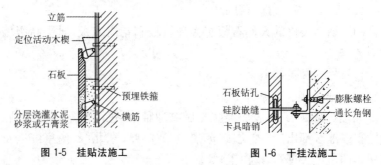

图 1-5　挂贴法施工　　　　　图 1-6　干挂法施工

人造石板的施工构造与天然石材相似,预制板背面埋设有钢筋,不必在预制板上钻孔,将板用铅丝绑牢在水平钢筋(或钢箍)上即可。在构造做法上,各地有多种合理的构造方式,如有的用射钉按规定部位打入墙体(或柱)内,然后将石板绑扎在钉头上,以节省钢材。

4.涂料类墙体饰面构造

涂料是指涂敷于物体表面后,能与基层很好黏结,从而形成完整而牢固的保护膜的面层物质。这种物质对被涂物体有保护、装饰作用。例如油漆便是一种常见的涂料。

涂料作为墙面装修材料,与贴面装修相比具有材料来源广,装饰效果好,造价低,操作简单,工期短、工效高,自重轻,维修、更新方便等特点。因此,是当今颇有发展前途的装修材料。

建筑涂料的品种繁多,作为建筑物的饰面涂料,应根据建筑物的使用功能、建筑环境、建筑构件所处部位等来选择装饰效果好、黏结力强、耐久性高、无污染和经济性好的材料。

建筑涂料按其主要成膜物的不同可分为无机涂料、有机涂料及有机和无机复合涂料三大类。

(1)无机涂料。

无机涂料是历史上最早使用的一种涂料。传统的无机涂料有石灰浆、大白浆和可赛银等。它是以生石灰、碳酸钙、滑石粉等为主要原料,适量加入动物胶而配制的内墙涂刷材料,但这类涂料由于涂膜质地疏松、易起粉,且耐水性差,已逐步被以合成树脂为基料的各类涂料所代替。无机涂料具有资源丰富、生产工艺简单、价格便宜、节约能源、减少环境污染等特点,是一种有发展前途的建筑涂料。

(2)有机涂料。

随着高分子材料在建筑上的应用,建筑涂料有极大发展。有机高分子涂料依其主要成膜物质和稀释剂的不同又可分为三类。

1)溶剂型涂料。

溶剂型涂料是以合成树脂为主要成膜物质,有机溶剂为稀释剂,经研磨而成的涂料。它形成的涂膜细腻、光洁而坚韧,有较好的硬度、光泽、耐水性、耐候性、气密性好。但有机溶剂在施工时会挥发有害气体,污染环境。如果在潮湿的基层上施工,会引起脱皮现象。

常见的溶剂型涂料有苯乙烯内墙涂料,聚乙烯醇缩丁醛内、外墙涂料,过氯乙烯内墙涂料以及 812 建筑涂料等。

2)水溶型涂料。

水溶型涂料是以水溶型合成树脂为主要成膜物质,以水为稀释剂,经研磨而成的涂料。它的耐水性差、耐候性不强、耐洗刷性差,故只适用作内墙涂料。

水溶型涂料价格便宜、无毒、无怪味,并具有一定透气性,在较潮湿基层上也可操作,但由于为水溶型材料,温度在 10℃ 以下时不易成膜,冬季施工应注意施工时温度不宜太低。

常见的水溶型涂料有聚乙烯醇系列内墙涂料和多彩内墙涂料等。

3)乳胶涂料。

乳胶涂料又称乳胶漆,它是由合成树脂借助乳化剂的作用,以极细微粒子溶于水中,构成乳液为主要成膜物,然后研磨成的涂料。它以水为稀释剂,价格便宜,具有无毒、无味、不易燃烧、不污染环境等特点。同时还有一定的透气性,可在潮湿基层上施工。

目前我国用作外墙饰面的乳胶涂料主要有乙-丙(聚酯酸乙烯-丙烯酸丁酯共聚物)乳胶涂料、苯-丙(苯乙烯-丙烯酸丁酯共聚物)乳胶涂料、氯-偏(氯乙烯-偏二氯乙烯共聚物)乳胶涂料等。

在外墙面装修中使用较多的要数彩色胶砂涂料。

彩色胶砂涂料简称彩砂涂料,是以丙烯酸酯类涂料与集料混合配制而成的一种珠粒状的外墙饰面材料。彩砂涂料具有黏结强度高,耐水性、耐碱性、耐候性以及保色性均较好等特点。我国目前所采用的彩色胶砂涂料可用于水泥砂浆、混凝土板、石棉水泥板、加气混凝土板等多种基层上,可取代水刷石、干粘石饰面装修。

(3)有机和无机复合涂料。

有机涂料或无机涂料虽各有特点,但在单独作用时,存在着各种问题。为取长补短,故研究出了有机、无机相结合的复合涂料。如早期的聚乙烯醇水玻璃内墙涂料,就比单纯使用聚乙烯醇涂料的耐水性有所提高。另外以硅溶液、丙烯酸系列复合的外墙涂料在涂膜的柔韧性及耐候性方面更能适应大气温度性的变化。总之,无机、有机或无机与有机的复合建筑涂料的研制,为墙面装修提供了新型、经济的新材料。

5.裱糊类墙体饰面构造

裱糊类装修是将墙纸、墙布等卷材类的装饰材料裱糊在墙面上的一种装修饰面。

(1)墙纸。

墙纸又称壁纸。国内外生产的各种新型复合墙纸,种类不下千种,依其构成材料和生产方式不同墙纸可有以下几类。

1)PVC塑料墙纸。

塑料墙纸是当今流行的室内墙面装饰材料之一。它除具有色彩艳丽、图案雅致等艺术特征外,在使用上具有不怕水、抗油污、耐擦洗、易清洁等优点,是理想的室内装修材料。塑料墙纸由面层和衬底层在高温下复合而成。

面层以聚氯乙烯塑料或发泡塑料为原料,经配色、喷花或压花等工序与衬底进行复合。发泡工艺又有低发泡和高发泡塑料之分。

墙纸的衬底大体分纸底与布底两类。纸底成型简单,价格低廉,但抗拉性能较差;布底有密织纱布和稀织网纹之分,它具有较好的抗拉能力,较适宜于可能出现微小裂隙的基层上,撞击时不易破损,经久耐用,多用于高级宾馆客房及走廊等公共场所。

2)纺织物面墙纸。

纺织物面墙纸是采用各种动植物纤维(如羊毛、兔毛、棉、麻、丝等)纺织物以及人造纤维纺织物等作面料复合于纸质衬底而制成的墙纸。由于各种纺织面料质感细腻、古朴典雅、清新秀丽,故多作高级房间装修之用。

3)金属面墙纸。

金属面墙纸也由面层和底层组成。面层以铝箔、金粉、金银线等为原料,制成各种花纹、图案,并同用以衬托金属效果的漆面(或油墨)相间配制而成,然后将面层与纸质衬底复合压制而成墙纸。墙纸表面呈金色、银色和古铜色等多种颜色,构成多种图案。它可防酸、防油污。因此多用于高级宾馆、餐厅、酒吧以及住宅建筑的厅堂之中。

4)天然木纹面墙纸。

这类墙纸是采用名贵木材剥出极薄的木皮,贴于布质衬底上面制成的墙纸。它类似胶合板,色调沉着,雅致,富有亲切感,具有特殊的装饰效果。

(2)墙布。

墙布是以纤维织物直接作墙面装饰的材料总称。它包括玻璃纤维墙面装饰布和织锦等材料。

1)玻璃纤维装饰墙布。

玻璃纤维布是以玻璃纤维织物为基材,表面涂布合成树脂,经印花而成的一种装饰材料,布宽 840~870mm,一卷长 40m。由于纤维织物的布纹感强,经套色后的花纹装饰效果好,且具有耐水、防火、抗拉力强、可以擦洗以及价格低廉等特点,故应用较广。其缺点是易泛色,当基层颜色较深时,容易显露出来。同时,由于本身为碱性材料,长时间使用即呈黄色。

2)织锦。

织锦墙面装修是采用锦缎裱糊于墙面的一种装饰材料。锦缎为丝绸织物,宽 800mm,它颜色艳丽,色调柔和,古朴雅致,且对室内吸声有利,仅用作高级装修。由于锦缎软,易变形,可以先裱糊在人造板上再进行装配,施工较烦琐,且价格昂贵,一般少用。

墙纸与墙布的粘贴主要在抹灰的基层上进行,也可在其他基层上粘贴,抹灰以混合砂浆面层为好。它要求基底平整、致密,对不平的基层需用腻子刮平。粘贴墙纸、墙布,一般采用墙纸、墙布胶黏剂,胶黏剂包括多种胶料、粉料。在具体施工时需根据墙纸、墙布的特点分别予以选用。在粘贴时,要求对花的墙纸或墙布在裁剪尺寸上,其长度需比墙放出 100~150mm,以适应对花粘贴的要求。

6.铺钉类墙体饰面构造

铺钉类装修指利用天然木板或各种人造薄板借助于钉、胶等固定方式对墙面进行的装修处理,属于干作业范畴。铺钉类装修因所用材料质感细腻、美观大方,装饰效果好,给人以亲切感。同时材料多为薄板结构或多孔性材料,对改善室内音质效果有一定作用。防潮、防火性能欠佳,一般多用作宾馆、大型公共建筑大厅(如候机室、候车室以及商场)等处的墙面或墙裙的装修。铺钉类装修和隔墙构造相似,由骨架和面板两部分组成。

(1)骨架。

骨架有木骨架和金属骨架之分。木骨架由墙筋和横档组成,借预埋在墙上的木砖固定到墙身上。墙筋截面尺寸一般为 50mm×50mm,横档截面尺寸为 50mm×50mm、50mm×40mm。墙筋和横撑的间距应与面板的长度和宽度尺寸相配合。金属骨架采用冷轧薄钢构成槽形截面,截面尺寸与木质骨架相近。为防止骨架与面板受潮而损坏,常在立墙筋前,在墙面上抹一层 10mm 厚混合砂浆,并涂刷热沥青两道,或不做抹灰,直接在砖墙上涂刷热沥青。

(2)面板。

面板多为人造板,包括硬木条板、石膏板、胶合板、硬质纤维板、软质纤维板、金属板、装饰吸声板以及钙塑板等。

硬木条或硬木板装修是指将装饰性木条或凹凸型木板竖直铺钉在墙筋或横筋上。背面衬以胶合板,使墙面产生凹凸感,以丰富墙面,其构造如图 1-7 所示。

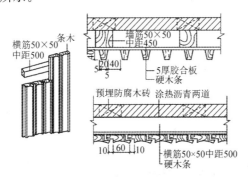

图 1-7　木质面板墙面构造

石膏板以建筑石膏为原料,加入各种辅助材料,经拌和后,两面用纸板辊压成薄板,故称纸面石膏板,具有质量轻、变形小、施工时可钉、可锯、可粘贴等特点。胶合板有三合板(又称三夹板)、五合板(五夹板)、七合板(七夹板)和九合板(九夹板)之分。硬质纤维板是用碎木加工而成的。

石膏板与木质墙筋的连接主要是靠圆钉(镀锌铁钉)和木螺丝与墙筋固定的;胶合板、纤维板等均借圆钉或木螺钉与木质墙筋和横档固定。为保证面板有微量伸缩的可能,在钉面板时,在板与板间需留出5~8mm 的缝隙,缝隙可以是方形的,也可是三角形的,对要求较高的装修可用木压条或金属压条嵌固,如图 1-8 所示。

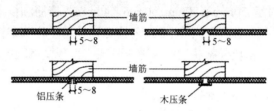

图 1-8　胶合板、纤维板等的接缝处理

对软质纤维板、装饰吸声板等装饰面板也采用圆钉与墙筋固定,其构造与铺钉纤维板、石膏板相同;石膏板、软质纤维板等构件与金属骨架的固结主要靠自攻螺丝或预先用电钻打孔后用镀锌螺丝固定;而胶合板、纤维板、各种装饰面板与金属骨架的连接主要靠自攻螺丝和膨胀铆钉进行固结。

二、清水墙装饰构造

清水墙装饰是指墙体砌筑成型后,墙面不加其他覆盖性装饰面层,利用原墙体结构的肌理效果进行处理的一种墙体装饰方法,可分为清水砖墙和清水混凝土墙。其可达到淡雅、朴实、浑厚、粗犷等艺术效果,且耐久性好,不易变色,不易污染,也没有明显的褪色和风化现象。即便是在新型材料和工业化施工方法居主导地位的今天,清水墙仍是一种有着鲜明特色的重要墙面装饰方法。

1.清水砖墙

黏土砖是清水砖墙的主要材料,根据制作工艺不同可分为青砖、红砖及过火砖三种。过火砖是由于温度过高而烧成的次品砖,颜色深红,质地坚硬,却是装饰用的上好佳品,常被用来砌筑建筑小品或局部的清水墙。

清水砖墙的装饰方法如下。

(1)灰缝的处理。清水砖墙的砌筑方法,一般还是以普通的满丁满条为主。因为灰缝的面积占清水砖墙面积的1/6,改变灰缝的颜色能够有效地影响整个墙面的色调与明暗程度,改变整个墙面的效果。另外,通过勾凹缝的办法,也会产生一定的阴影,形成鲜明的线条与质感。

(2)磨砖对缝,是将靠烧结程度不同的过火砖和欠火砖穿插在普通砖当中,形成不规则的色彩排列,达到丰富的装饰效果。

(3)肌理变化。通过部分砖块有规律地突出或凹进,形成一定的线型和肌理,创造特殊的光影效果,犹如浮雕的感觉。如清水砖墙转角部位,每隔几皮砖就突出三块长短砖,形成很好的转角收头,丰富了建筑的细部处理。

使用清水砖墙饰面时,还要注意以下几个问题。

建筑的某些部位,如勒脚、檐口、门套、窗台等处可以进行粉刷或用天然石板进行装饰。门窗过梁如采用钢筋混凝土过梁,可将过梁往里收 1/4 砖左右,外表再镶砖饰以形成砖拱形式的外观。

勾缝多采用质量比为1:1.5的水泥砂浆,也可勾缝后再涂色。灰缝的处理形式,主要有平缝、平凹缝、斜缝和圆弧凹缝等形式,如图1-9所示。

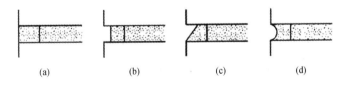

(a)   (b)   (c)   (d)

图 1-9 清水砖墙的勾缝形式
(a)平缝;(b)平凹缝;(c)斜缝;(d)圆弧凹缝

施工时脚手架的选用应采用内脚手架或独立式脚手架,以避免施工后填脚手架洞造成表面色差或疤痕。

2. 清水混凝土墙

清水混凝土墙的墙面不加任何其他饰面材料,而以精心挑选的木质花纹的模板或特制的钢模板浇筑,经设计排列,在许多有曲度的栏板和立柱等工程中应用,浇筑出具有特色的清水混凝土。

清水混凝土墙装饰的特点是外表朴实、自然,坚固、耐久,不易发生冻胀、剥离、褪色等问题。

模板的挑选与排列是实现清水混凝土墙装饰效果的关键。模板上拉接螺杆的定位要整齐而有规律,为了脱模时不易损坏边角,墙柱的转角部位最好处理成斜角或圆角。可以将模板面设计成各种形状,如条纹状、波纹状、格状、点状等,也可对壁面进行斩刻,修饰成毛面等,增强壁面的变化。

三、顶棚装修构造

顶棚又称平顶或天花,指楼板层的下面部分,也是室内装修部分之一。作为顶棚,要求表面光洁、美观,且能起反射光线的作用,以改善室内的亮度。对某些有特殊要求的房间,还要求顶棚具有隔声、防火、保温、隔热等功能。

1.顶棚构造

依构造方式的不同,顶棚有直接式顶棚和悬吊式顶棚之分。

一般顶棚多为水平式,但根据房间用途的不同,顶棚可做成弧形、凹凸形、高低形、折线形等。应根据建筑物的使用功能、经济条件以及室内设备器具的隐蔽性要求和隔声需要来选择顶棚的形式。当建筑物各种设备管线较多,为方便管线的敷设,则多将水平管线埋设至顶棚内,而采用悬吊式顶棚。

(1)直接式顶棚。

直接式顶棚指直接在钢筋混凝土楼板下喷、刷、粘贴装修材料的一种构造方式。多用于大量性工业、民用建筑中,直接式顶棚装修常见的处理方式有以下几种。

1)直接喷、刷涂料。

当楼板底面平整时,可用腻子嵌平板缝,直接在楼板底面喷或刷大白浆涂料或 106 涂料,以增加顶棚的光反射作用。

2)抹灰装修。

当楼板底面不够平整或室内装修要求较高,可在板底进行抹灰装修。抹灰分水泥砂浆抹灰和纸筋灰抹灰两种。

水泥砂浆抹灰是将板底清洗干净,打毛或刷素水泥浆一道,抹 5mm 厚 1：3 水泥砂浆打底,用 5mm 厚 1：2.5 水泥砂浆粉面,再喷、刷涂料,如图 1-10(a)所示。

底板抹灰　　　　　　泡沫塑胶板贴面
(a)　　　　　　　　　(b)

图 1-10　直接式顶棚

(a)抹灰装修；(b)贴面式装修

纸筋灰抹灰是先以 6mm 厚混合砂浆打底,再以 3mm 厚纸筋灰粉面,然后喷、刷涂料。

3)贴面式装修。

对某些装修要求较高或有保温、隔热、吸声要求的建筑物,如商店门面、公共建筑的大厅等,可于楼板底面直接粘贴适用于顶棚装饰的墙纸、装饰吸声板以及泡沫塑胶板等。这些装修材料均借助于胶黏剂粘贴,如图 1-10(b)所示。

(2)悬吊式顶棚(吊顶)。

在现代建筑中,为提高建筑物的使用功能,除照明、给水排水管道安装在楼板层中外,空调管、灭火喷淋、探测器、广播设备等管线及其装置,均应安装在顶棚上。吊顶依所采用的材料、装修标准以及防火要求的不同,有木质骨架和金属骨架之分,如图 1-11 所示。

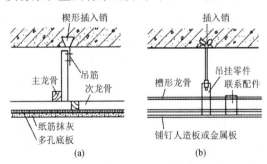

楔形插入销　　　　　　　插入销

主龙骨　　　吊筋　　　　槽形龙骨　　吊挂零件
　　　　　　次龙骨　　　　　　　　联系配件

纸筋抹灰　　　　　　　　铺钉人造板或金属板
多孔底板

(a)　　　　　　　　　　(b)

图 1-11　吊顶

(a)木骨架基层；(b)金属骨架基层

1)木龙骨吊顶。

木龙骨吊顶主要是借预埋于楼板内的金属吊件或锚栓将吊筋(又

称吊头)固定在楼板下部,吊筋间距一般为 900～1000mm,吊筋下固定主龙骨,又称吊档。其截面尺寸均为 45mm×45mm 或 50mm×50mm。主龙骨下钉次龙骨(又称平顶筋或吊顶格栅)。次龙骨截面尺寸为 40mm×40mm,间距的确定视下面装饰面材的规格而定。其具体构造如图 1-12 所示。

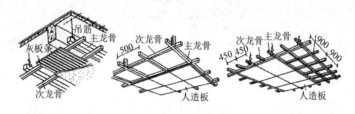

图 1-12　木质吊顶

木龙骨吊顶因其基层材料具有可燃性,加之安装方式多为铁钉固定,使顶棚表面很难做到水平。因此在一些重要的工程或防火要求较高的建筑中,已极少采用。

2)金属龙骨吊顶。

根据防火规范要求,顶棚宜采用不燃材料或难燃材料构造。在一般大型公共建筑中,金属龙骨吊顶已被广泛采用。

金属吊顶主要由金属龙骨基层与装饰面板构成。金属龙骨由吊筋、主龙骨、次龙骨和横撑龙骨组成。吊筋一般采用 $\phi4$ 钢筋或 8 号铅丝或 $\phi6$ 螺栓,中距 900～1200mm,固定在楼板下。吊筋头与楼板的固结方式可分为吊钩式、钉入式和预埋件式,然后在吊筋的下端悬吊主龙骨,再于主龙骨下悬吊次龙骨。为铺钉装饰面板,还应在龙骨之间增设横撑,横撑间距视面板规格而定。最后在吊顶次龙骨和横撑上铺钉装饰面板,如图 1-13 所示。

装饰面板有人造板和金属板之分。人造板包括纸面石膏板、矿棉吸声板、各种空孔板和纤维水泥板等。装饰面板可借沉头自攻螺钉固定在龙骨和横撑上,也可放置在⌐形龙骨的翼缘上。

金属面板包括铝板、铝合金型板、彩色涂层薄钢板和不锈钢薄板等。面板形式有条形、方形、长方形、折菱形等。条板宽 60～300mm,块板规格为 500mm×500mm、600mm×600mm,表面呈古铜色、青铜色、

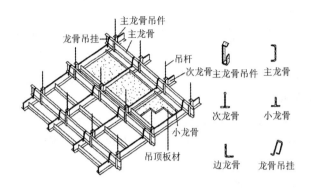

图 1-13 金属吊顶

金黄色、银白色以及各种烤漆颜色。金属面板靠螺钉、自攻螺钉、膨胀铆钉或专用卡具固定于吊顶的金属龙骨上。

2. 顶棚吸声构造

顶棚是建筑内部空间的上部界面,其高度、造型、色彩和构造处理等,对空间的视觉、音质、环境和感受等都有一定的影响。顶棚除造型外,在功能和技术上常常要处理好声学、照明、空调及消防等方面的有关问题。尤其对于空间较大、人员密集和对音质要求较高的建筑,顶棚的合理设计是改善室内声环境的有效途径。

在构造上,吊顶由悬挂、支承和面板三部分组成,其中面板材料和构造对声学效果影响最大。现代吊顶的发展已导向体系化,面板也逐渐采用装配式体系,常见的形式有条形、方形、矩形、蜂窝和网格平面板及垂直的条形和格子形板等。材料有铝合金、压型薄钢板、石膏板、各种纤维板(包括不燃的矿棉、岩棉、玻璃纤维板和木质纤维板(如木丝板、刨花板、木屑板等))以及塑料板(如钙塑板、塑料贴面纤维板、贴面泡沫塑料板)等。

根据室内音质的要求,面层可以处理成反射顶棚和吸声顶棚两种。

反射顶棚用于有听音要求的大空间,如剧院、音乐厅等,这些场所除要求高的清晰度和减少回声和噪声外,还要求有合适的响度和足够的丰满度。须保证厅堂有合适的混响时间,要设法提高直达声和前次反射声的水平,并与墙面和其他部位的声学处理相结合,应用几何声学的设计方法综合解决。

吸声顶棚用于人员较多容易产生噪声甚至容易出现回声的大空间,如报告厅、大型会议室、体育馆等,这些场所主要需保证较高的清晰度,并要尽量减少回声和噪声,其顶棚面层要进行吸声处理。

(1)石膏或矿棉板吸声顶棚。

一般制成方板或矩形板,采用打孔或压纹(如蚁纹板)使其具有吸声性能,又有装饰效果。多数为平放,也可竖放成格子形能够双面吸声。

(2)穿孔板吸声顶棚。

利用穿孔板共振器原理,依靠在板上打孔,再设吸声的矿棉或玻璃棉垫实现吸声效果。通常的穿孔板有金属板、石膏板、钙塑板及木质纤维板等材料。

(3)条板吸声顶棚。

利用窄缝共振器原理,将木、金属或硬塑料做成条板,板之间缝宽16～20mm,板上放置毛毡、矿棉或玻璃棉等多孔吸声材料,构成一种窄缝共振吸声构造。

(4)格子吸声顶棚。

将木板、金属板及其他板材垂直设置,构成三角形、方形及蜂窝状格子,形成吸声顶棚。

第三节　建筑色彩的认知和应用

大自然是一个彩色的世界。建筑色彩发展到今天,已经与建筑融为一个完整的艺术整体。色彩为建筑增添了魅力,建筑使城市流光溢彩。涂料作为建筑色彩表现的一种手段和形式,在建筑中有其重要的地位。油漆工作业时,几乎置身于色彩世界中。

油漆工懂得色彩基本知识,并能够灵活运用,是学艺入门的重要一步。

一、色彩基本知识

色彩是物体反射光作用于人的视觉器官上引起的一种感觉。人们只有通过色彩,才能感知到建筑物的存在。通过同已获得的大量信息比较,就能判断出所看到建筑的色和形。

1. 色彩的产生

色彩的形成过程,前面是从物理学角度来解释的。如在漆黑的房间里,我们就看不出本来涂饰成奶黄色的墙面。

油漆工要偏重从心理学角度,理解色彩。重视人的感官知觉对色彩的反应,重视审美带来的愉悦。

2. 色彩的属性

认识色彩的特性,首先要了解色彩的基本属性。所有的色彩都具有三种属性,它们是色相、明度(亮度)、彩度(纯度)。三者在任何一个物体的颜色上都能同时显现出来,不可分离,也称色彩三要素。

(1)色相。

色彩的范围,也可以理解为是色彩的相貌和名称。即使是同一色彩,其色相也很丰富,如红色就有浅红、粉红、大红等。从理论上说,色相的数量是无穷的。

(2)明度。

色彩的明亮程度或浓淡差别。一般情况下,光源越强,明度越高。物体反射率越高,明度也越高。其次,反射率高低还取决于色彩的不同。例如,黄色明度高,蓝色明度低。除了白色以外的任何颜色,加入的白色的量和亮度是成正比的。相反,无论何种色彩只要加入黑色,明度就会降低;加入的黑色的量与亮度成反比。

(3)纯度。

指色彩的鲜艳程度,又称饱和度。一般情况下含标准色成分越多,色彩就越鲜艳,纯度也就越高,反之亦然。例如,红色中的红色成分就比橙红或橙色中的多。

3. 色彩的运用

(1)色彩运用原理。

在建筑装饰装修中,对于色彩的运用,可以用不同的色光和色料创造良好的形象。通过组织和混合色光和色料,可以产生不同形态的色彩气氛和色彩环境。

1)色光的原色。指红、绿、蓝,它们按一定的方式混合得到的光是白色的光。

2)色料的原色。指红、黄、蓝,它们按一定的量进行原色色料的混合得到的是黑色。

红、黄、蓝三种颜色无法由其他颜色配制而成,我们把这三种颜色称为一次色,即原色。

由两种原色混合而成的颜色称为间色或二次色。

复色也称三次色、再间色,是由三种原色或两种间色按不同比例混合而成的。三原色、间色、复色的相互关系,见图1-14。

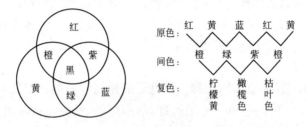

图 1-14　三原色、间色、复色的相互关系

(2)运用建筑色彩的主要原则。

1)满足建筑技术的要求。

建筑色彩的运用,首先要考虑能否满足建筑设计的要求,其次要考虑是否受到建筑技术的制约,还要考虑到所用建筑涂料表现的色彩范围。

色彩运用体现的自然感,是人们崇尚自然的表现。原始建筑的色彩是靠材料本身固有的颜色来表现的。如当代建筑的外墙用石材贴面,室内装饰中的仿木纹、仿大理石纹,就是传统审美情趣的反映。随着建筑技术的进步,建筑色彩的运用已经成了一种装饰语言。建筑构件涂饰鲜艳色彩除了具有保护作用外,还增强了识别性,这都体现了建筑设计的要求。如窗与墙、梁与柱涂饰不同的颜色,清晰地反映了交接处的构造处理。

2)满足建筑功能的需要。

建筑色彩与建筑功能是相容的。用不同的色彩反映不同的功能,体现了色彩与功能的一致性。

商业建筑中色彩的运用,追求醒目、强烈,向人们传递一种特殊的信息,借以促进消费。在人多拥挤的空间采用膨胀色;冷加工车间采用暖色,都体现出建筑功能的需要。

3)满足建筑形象的表达。

建筑实体、建筑质地、建筑色彩共同作用勾勒出建筑形象。建筑色彩只有依附于建筑形体才能更好地表达,建筑形体只有通过色彩、图案的变化才能更好地诠释建筑本身。中国仿古建筑中梁枋上的彩画,透过建筑形体向我们传递了传统的审美情趣。

4)满足协调建筑环境美的需求。

建筑环境分为自然环境和城市环境。不同的环境要注意运用不同的建筑色彩。

在城市环境中,建筑色彩受到所处环境的影响。建筑色彩的选择,要根据建筑物在环境中的地位及功能决定。

在自然环境中,建筑色彩受到自然环境的制约。建筑色彩的选用不仅要考虑青山绿水对其衬托作用,还要注重建筑色彩对其点缀作用。要与环境色彩形成对比、反差。绿与红反差强烈,万绿丛中一点红,美不胜收,就是这个道理。

二、建筑色彩的功能

1. 生理效应和心理作用

建筑色彩通过人的视觉感应,使人们在生理上产生一定的共性反应。

人在绿色的环境中,感到安静;红色的环境使人精神亢奋。当代的建筑色彩设计越来越重视对生理功能的作用,住宅小区的外墙多采用亮度高、纯度低的色彩。

建筑色彩通过人的心理作用,会引起人的情感共鸣。在色彩的选用和处理方面,要考虑人的心理感觉。

(1)温度感(暖色与冷色)。红色、橙色以及以红色、橙色为主的混合色容易使人联想到太阳、火焰,感到温暖,称之为暖色;以蓝色、绿色以及以蓝色为主的混合色使人联想到蓝天、大海,感到凉爽,称之为冷色。南方民居多青瓦、白墙,在炎热的夏季使人感到凉意。起居室一般采用近似色，构成暖色调，使人感到家的温馨。

（2）距离感。运用不同的色相、纯度和明度，会使人产生或远或近的感觉。红、橙、黄具有前进、扩大的特征；青绿、青紫、紫具有后退、缩小的特征。建筑色彩的运用要考虑这一功能。有助于调节人们对空间大小的感觉，较小的住宅宜选用后退色，空旷的房间、过高的顶棚宜选用前进色，以建筑色彩的灵活运用来改善空间的质量。

（3）轻重感。明度决定色彩的轻重感，色彩的轻重感是通过人们的联想产生的。明度越高给人的感觉越轻快，反之亦然。例如，中国传统宫殿建筑的黄瓦、红墙、白色基座，给人以稳重的感觉，显得庄重而威严。

（4）体量感。色相和明度会导致人们对同一建筑物产生大小不同的感觉。用暖色和明度高的色彩涂饰建筑物，令人感到整个建筑体量增大，这样的颜色称为膨胀色；用冷色和暗色涂饰建筑物，会令人感到建筑物体量缩小，这样的颜色称为收缩色。

2.造型功能和标志作用

建筑色彩的造型功能与色彩的体量感的相同点是通过色彩的运用改变人的感觉。色彩造型功能是用建筑色彩表现建筑效果。色彩与建筑是客观存在的，我们不可能想象建筑是没有色彩的，也不能想象色彩不依附于物体。建筑作为一门艺术，是通过建筑色彩表现出来的。

当代城市建筑的绚丽风貌，说明人们的审美进入了一个新的境界。不仅单体建筑的风格呈多样性，单体建筑也趋向色彩的多样性涂饰。在同一墙面上选用多种色彩，不仅可以改变建筑形象，而且也更好地表达了建筑。在单一暗色的大面积玻璃幕墙上点缀几块明度高的色块，会带给人动感和生机。砖墙的橙色，使建筑物具有古典深沉的意境。门框饰以白色，使整个建筑更显明快。

建筑物的个性特征，除依靠本身特有形体外，在很大程度上要靠色彩来表现。色彩不仅能表现出建筑物与建筑物之间的差异，还能向人们传递建筑物的功能信息。

国外一些著名的大城市的建筑采用统一的色调，构成了整个城市的标志。当代国内的居住小区，在建筑形象较难突出个性的情况下，主要靠色彩的运用加以区别。住宅小区为突出个性,采用高明度、高纯度的色彩,与绿色的草地树林、湖水相映,格外引人注目。在商业建筑方面,以色彩作为标志,运用得更为普遍。

　　对于建筑色彩的运用,要遵循与自然和谐统一的原则。大自然的色调是和谐统一的,因此建筑色彩的运用应该与大自然融合为一个整体。在建筑物表面或内部空间的色彩运用中,要把"主导色"的面积设置得最大,纯度设置得最低;"调节色"次之,面积较小;而色相、纯度最强的"重点色"则面积最小。这样处理才能达到色彩的协调。

第二章 涂裱工岗位基本知识

第一节 涂裱工作的地位与作用

建筑装饰装修涂裱涵盖的作业技能有涂料（油漆）配制、涂饰加工、面料（壁纸、锦缎）裱糊、玻璃裁装等，是建筑装饰装修成品的最后一道工序，是体现建筑装饰装修成果的关键工种。熟练掌握建筑装饰装修涂裱技能，对提高装饰装修水平起着重要作用。它的具体作用如下。

（1）涂裱是建筑工程的终端工程。一项装饰工程是否具备竣工条件，从施工程序上讲，涂裱将起到决定作用。

（2）涂裱具有装饰功能。一项工程的装饰水平高低，主要看涂裱（含玻璃）的取材与工艺（除石材、瓷砖及装饰板以外）。它色彩丰富，通过不同工艺可以获得多种装饰效果。

（3）涂裱工程在一项工程表层装饰中占主要地位。一般工程的涂裱面积占整个表层装饰面积的70%～80%。

（4）涂裱工程的成本低。涂裱工程比其他装饰工程相比造价相对要低得多。

（5）涂裱工程的施工工艺相对简单，使用工具也轻便，无需切割、打洞，而是利用自身的黏结性能与建筑实体相结合而融为一个整体，不用一钉一螺。但也有它的特殊性，要用手工操作来完成成品。

（6）涂裱材料的密度与其他饰面材料相比要小得多。涂料刷在墙面上，几乎不增加荷载。

从《建筑工程施工质量验收统一标准》（GB 50300—2013）中可以看到，整个建筑工程分为10个分部工程。每个分部工程又分为若干子分部工程和分项工程。

分部工程中有五项是建筑工程，它们是基础、主体结构、建筑装饰装修、建筑屋面、水电安装工程。

建筑装饰装修工程的子分部工程有地面、抹灰、外墙防水、门窗、吊顶、轻质隔墙、饰面板、饰面砖、幕墙、涂饰、裱糊和软包、细部共12项。

包含的分项工程达 44 项。可见,装饰装修是建筑工程的重要组成部分。从造价上看,高级装饰装修工程与主体工程已达到 1∶1 的水平。

作为涂裱(玻璃)工程,其在整个装饰装修工程中的地位也是十分显著的。现分析如下:

(1)地面工程:水泥砂浆地面、木竹面层、木地板面层、实木复合地板、强化复合地板、竹地板。

(2)抹灰工程:一般抹灰。

(3)外墙防水:外墙砂浆防水,涂膜防水,透气膜防水。

(4)门窗:木门窗、钢门窗、特种门窗、门窗玻璃。

(5)轻质隔墙:纸面石膏板隔断、玻璃隔断。

细部:橱柜、窗帘盒、窗台板、暖气罩、门窗套、木护栏、扶手、木花饰。

(6)涂饰:12 个子分部工程有 8 个是需要涂饰施工的。可见涂饰工程在整个建筑工程中的地位和作用,而且通过涂裱及玻璃安装可以体现建筑物的装饰水平。

第二节　油漆、涂料的调配

配色是一项复杂而细致的工作,需要了解各种颜色的性能。可利用光电机来测出样色板的颜色成分,并计算出各种颜色的比例,再进行配色。但有许多涂料要根据工程要求,凭实际经验进行自行调制。调配颜色的原则和方法如下。

一、调配涂料颜色的原则

1. 颜料与调制涂料相配套的原则

在调制涂刷材料色彩的过程中,所使用的颜料与配制的涂料性质必须相同,不起化学反应,才能保证配制涂料的相容性、成色的稳定性和涂料的质量,否则,就配制不出符合要求的涂料。如油基颜料适用于配制油性的涂料而不适合调制硝基涂料。

2. 选用颜料的颜色组合正确、简练的原则

(1)对所需涂料颜色必须正确地分析,确认标准色板的色素构成,

并且正确分析其主色、次色、辅色等。

(2)选用的颜料品种简练。能用原色配成的不用间色,能用间色配成的不用复色,切忌撮药式配色。

3. 先主色、后副色、再次色,循序渐进、由浅入深的原则

(1)调配某一色彩涂料的各种颜料的用量,先可做少量的试配,认真记录所配原涂料与加入的各种颜料的比例。

(2)所需的颜料最好进行等量的稀释,以便在调配过程中能充分地融合。

(3)要正确地判断所调制的涂料与样板色的成色差。一般来说,油色宜浅一成,水色宜深三成左右。

(4)单个工程所需的涂料最好按其用量一次配成,以免多次调配,造成色差。

二、调配涂料颜色的方法

1. 调配方法

(1)调配的涂料颜色是以涂料样板颜色做参照的。首先配小样,初步确定选用哪几种颜色参加配色,然后将这几种颜色的颜料分装在容器中,先称其质量,然后进行调配。调配完成后再称一次,两次称量之差即为加入的各种颜料的量。这可作为配大样的依据。

(2)在配色过程中,以用量大、着色力小的颜色为主(称主色),再以着色力较强的颜色为副(次色),慢慢地间断加入,并不断搅拌,随时观察颜色的变化。在试样时,待所配涂料干燥后与样板色相比,观察其色差,以便及时调整。

(3)调配时不要急于求成,尤其是加入着色力强的颜料时切忌过量,否则,配出的颜色就不符合要求而造成浪费。

(4)由于颜色常有不同的色头,如要配正绿时,一般采用绿头的、黄头的蓝;配紫红色时,应采用带红头的蓝与带蓝头的和带红头的黄。

(5)在调色时还应注意加入的辅助材料对颜色的影响。

2. 涂料稠度的调配

因储藏或气候原因,造成涂料稠度过大,应在涂料中掺入适量的稀

释剂,使其稠度符合施工要求。稀释剂的分量不宜超过涂料重量的20%,超过就会降低涂料性能。稀释剂必须与涂料配套使用,不能滥用,以免造成质量事故。如稀释虫胶漆须用乙醇,而稀释硝基漆则要用香蕉水。

3.常用涂料颜色调配

(1)色浆颜料用量配合比见表2-1。

表2-1　　　　　　色浆颜料用量配合比(供参考)

序号	颜色名称	颜料名称	配合比(占白色原料)/(%)	序号	颜色名称	颜料名称	配合比(占白色原料)/(%)
1	米黄色	朱红 土黄	0.3～0.9 3～6	4	浅蓝灰色	普蓝 墨汁	8～12 少许
2	草绿色	砂绿 土黄	5～8 12～15	5	浅藕荷色	朱红 群青	4 2
3	蛋青色	砂绿 土黄 群青	8 5～7 0.5～1	—	—	—	—

(2)常用涂料颜色配合比见表2-2。

表2-2　　　　　　常用涂料颜色配合比

需调配的颜色名称	配合比/(%)		
	主色	副色	次色
粉红色	白色95	红色5	—
赭黄色	中黄60	铁红40	—
棕色	铁红50	中黄25,紫红12.5	黑色12.5
咖啡色	铁红74	铁黄20	黑色6
奶油色	白色95	黄色5	—
苹果绿色	白色94.6	绿色3.6	黄色1.8
天蓝色	白色91	蓝色9	—
浅天蓝色	白色95	蓝色5	—
深蓝色	蓝色35	白色13	黑色2

续表

需调配的 颜色名称	配合比/(%)		
	主色	副色	次色
墨绿色	黄色 37	黑色 37、绿色 26	—
草绿色	黄色 65	中黄 20	蓝色 15
湖绿色	白色 75	蓝色 10、柠檬黄 10	中黄 15
淡黄色	白色 60	黄色 40	—
橘黄色	黄色 92	红色 7.5	淡蓝 0.5
紫红色	红色 95	蓝色 5	—
肉色	白色 80	橘黄 17	中蓝 3
银灰色	白色 92.5	黑色 5.5	淡蓝 2
白色	白色 99.5	—	群青 0.5
象牙色	白色 99.5	—	淡黄 0.5

三、常用腻子调配

1.材料选用

(1)填料能使腻子具有稠度和填平性。一般化学性稳定的粉质材料都可作为填料,如大白粉、滑石粉、石膏粉等。

(2)固结料是能把粉质材料结合在一起,并能干燥固结成有一定硬度的材料,如蛋清、动植物胶、油漆或油基涂料。

(3)凡能增加腻子附着力和韧性的材料,都可作黏结料,如桐油(光油)、油漆、干性油等。

调配腻子所选用的各类材料,各具特性,调配的关键是要使它们相容。如油与水混合,要处理好,否则就会产生起孔、起泡、难刮、难磨等缺陷。

2.调配方法

调配腻子时,要注意体积比。为利于打磨,一般要先用水浸透填料,减少填料的吸油量。配石膏腻子时,宜油、水交替加入,否则干后不易打磨。调配好的腻子要保管好,避免干结。

常用腻子的调配、性能及用途见表 2-3。

表 2-3 常用腻子的调配、性能及用途

腻子种类	配比(体积比)及调制	性能及用途
石膏腻子	石膏粉:熟桐油:松香水:水=10:7:1:6 先把熟桐油与松香水进行充分搅拌,加入石膏粉,并加水调和	质地坚韧,嵌批方便,易于打磨;适用于室内抹灰面、木门窗、木家具、钢门窗等
胶油腻子	石膏粉:老粉:熟桐油:纤维胶=0.4:10:1:8	润滑性好,干燥后质地坚韧牢固,与抹灰面附着力好,易于打磨;适用于抹灰面上的水性和溶剂型涂料的涂层
水粉腻子	老粉:水:颜料=1:1:适量	着色均匀,干燥快,操作简单;适用于木材面刷清漆
油粉腻子	老粉:熟桐油:松香水(或油漆):颜料=14.2:1:4.8:适量	质地牢,能显露木材纹理,干燥慢,木材面的鬃眼应填孔、着色
虫胶腻子	稀虫胶漆:老粉:颜料=1:2:适量(根据木材颜色配定)	干燥快,质地坚硬,附着力好,易于着色;适用于木器油漆
内墙涂料腻子	石膏粉:滑石粉:内墙涂料=2:2:10(体积比)	干燥快,易打磨;适用于内墙涂料面层

四、大白浆、石灰浆、虫胶漆的调配

1. 大白浆调配

调配大白浆的胶黏剂一般采用聚醋酸乙烯乳液、羧甲基纤维素胶。

大白浆调配的质量配合比:大白粉:聚醋酸乙烯乳液:纤维素胶:水=100:8:35:140。其中,纤维素胶需先进行配制,它的大约配制质量比:羟甲基纤维素:聚乙烯醇缩甲醛:水=1:5:(10~15)。根据以上配比配制的大白浆质量较好。

调配时,先将大白粉加水拌成糊状,再加入纤维素胶,边加入边搅拌。经充分拌和,成为较稠的糊状,再加入聚醋酸乙烯乳液。搅拌后用

80 目铜丝箩过滤即成。如需加色，可事先将颜料用水浸泡，在过滤前加入大白浆内。选用的颜料必须要有良好的耐碱性，如氧化铁黄、氧化铁红等。如耐碱性较差，容易产生咬色、变色。当有色大白浆出现颜色不匀和胶花时，可加入少量的六偏磷酸钠分散剂搅拌均匀。

2. 石灰浆调配

调配时，先将 70% 的清水放入容器中，再将生石灰块放入，使其在水中消解。其重量配合比：生石灰块∶水=1∶6，待 24h 生石灰块充分吸水后才能搅拌，为了涂刷均匀，防止刷花，可往浆内加入微量墨汁；为了提高其黏度，可加 5% 的 108 胶或约 2% 的聚醋酸乙烯乳液；在较潮湿的环境条件下，可在生石灰块消解时加入 2% 的熟桐油。如抹灰面太干燥，刷后附着力差，或冬天低温刷后易结冰，可在浆内加入 0.3%～0.5% 的食盐（按石灰浆重量）。如需加色则与有色大白浆的配制方法相同。

为了便于过滤，在配制石灰浆时，可多加些水，使石灰浆沉淀，使用时倒去上面部分清水，如太稠，还可加入适量的水稀释搅匀。

3. 虫胶漆调配

虫胶漆是用虫胶片加酒精调配而成的。

一般虫胶漆的重量配合比：虫胶片∶酒精=1∶4，也可根据施工工艺的不同确定需要的配合比：虫胶片∶酒精=1∶（3～10）。用于揩涂的可配成：虫胶片∶酒精=1∶5；用于理平见光的可配成：虫胶片∶酒精=1∶（7～8）；当气温高、干燥时，酒精应适当多加些；当气温低、湿度大时，酒精应少加些，否则，涂层会出现返白。

调配时，先将酒精放入容器（不能用金属容器，一般用陶瓷、塑料等质地的器具），再将虫胶片按比例倒入酒精内，过 24h 溶化后即成虫胶漆，也称虫胶清漆。

为保证质量，虫胶漆必须随配随用。

五、着色剂的调配

在清水活与半清水活的施工中，用于木材面上的染色剂的调配主要是水色、酒色和油色的调配。

1. 水色调配

刷涂水色的目的是改变木材面的颜色,使之符合色泽均匀和美观的要求。因调配用的颜料或染料用水调制,故称水色。它常用于木材面清水活与半清水活,施涂时作为木材面底层染色剂。水色的调配因其用料的不同有以下两种方法。

(1)一种是以氧化铁颜料(氧化铁黄、氧化铁红等)作原料,将颜料用开水泡开,使之全部溶解,然后加入适量的墨汁,搅拌成所需要的颜色,再加入皮胶水或血料水,经过滤即可使用。配合比大致是水60%~70%、皮胶水10%~20%、氧化铁颜料10%~20%。由于氧化铁颜料施涂后物面上会留有粉层,加入皮胶水、血料水的目的是增加附着力。

此种水色颜料易沉淀,所以在使用时应经常搅拌,才能使涂色一致。

(2)另一种是以染料作原料,染料能全部溶解于水,水温越高,溶解越好,所以要用开水浸泡后再在炉子上炖一下。一般使用的是酸性染料和碱性染料,如黄纳粉、酸性橙等,有时为了调整颜色,还可加少许墨汁。水色配合比见表 2-4。

表 2-4　　　　　　　调配水色的配合比(供参考)

质量配合比 / (%) 色相 原料	柚木色	深柚木色	栗壳色	深红木色	古铜色
黄纳粉	4	3	13	—	5
黑纳粉	—	—	—	15	—
墨汁	2	5	24	18	15
开水	94	92	63	67	80

水色的特点:容易调配,使用方便,干燥迅速,色泽艳丽,透明度高。但在配制中应避免酸、碱两种性质的颜料同时使用,以防颜料产生中和反应,降低颜色的稳定性。

2. 酒色调配

酒色同水色一样,是在木材面清色透明活施涂时用于涂层的一种自行调配的着色剂。其作用介于铅油和清油之间,既可显露木纹,又可对涂层起着色作用,使木材面的色泽一致。调配时将碱性颜料或醇溶性染料溶解于酒精中,加入适量的虫胶清漆充分搅拌均匀,称为酒色。

施涂酒色需要有较熟练的技术。首先要根据涂层色泽与样板颜色的差距,调配酒色,最好调配得淡一些,免得一旦施涂深了,不便再整修。酒色的特点是酒精挥发快,因此酒色涂层干燥快。这样可缩短工期,提高工效。因施涂酒色干燥快,技能要求也较高,施涂酒色还能起封闭作用,目前木器家具施涂硝基清漆时普遍应用酒色。

酒色的配合比要按照样板的色泽灵活掌握。虫胶酒色的配合比例一般为碱性颜料或醇溶性染料浸于虫胶:酒精＝(0.1～0.2):1的溶液中,使其充分溶解,拌匀即可。

3.油色调配

油色(俗称发色油)是介于铅油与清漆之间的一种自行调配的着色涂料,施涂于木材表面后,既能显露木纹又能使木材底色一致。

油色所选用的颜料一般是氧化铁系列的,耐晒性好,不易退色。油类一般常采用铅油或熟桐油,其参考配合比:铅油:熟桐油:松香水:清油:催干剂＝7:1.1:8:1:0.6(质量比)。

油色的调配方法与铅油的大致相同,但要细致。将全部用量的清油加2/3用量的松香水,调成混合稀释料,再根据颜色组合的主次,将主色铅油称量好,倒入少量稀释料拌和均匀,然后再加副色、次色铅油,依次逐渐加到主色铅油中调拌均匀,直到配成要求的颜色,然后再把全部混合稀释料加入,搅拌后再将熟桐油、催干剂分别加入并搅拌均匀,用100目铜丝笋过滤,除去杂质,最后将剩下的松香水全部掺入铅油内,搅拌均匀,即为油色。

油色一般用于中高档木家具,其色泽不及水色鲜明艳丽,且干燥缓慢,但相较于水色,在施工更容易操作,因而适用于木制品件的大面积施工。油色使用的大多是氧化颜料,易沉淀,所以在施涂过程中要经常搅拌,才能使施涂的颜色均匀一致。

第三节　涂裱施工的操作技法、技巧

一、涂裱工作的操作技巧

涂裱工作是十分复杂的施工过程,其基本操作方法可以归纳为八个字,即"检""调""刮""磨""擦""刷""喷""滚",这八个字可以说是新工人必须练就的入门技法。

1."检"

就是对需要涂饰的建筑物体进行检查。在工程施工过程中,涂裱工可以说是一个对基底工程进行全面检查的工种,可对前道工序质量进行检查,是工程施工的终端。

(1)检查的重点:阴阳角、凹凸处、洞眼、钉子、毛刺、尘土、污染。检查时要随身携带工具,如钳子、铲刀、刷子、棉丝等,随手用钳子将钉子拔掉,用砂纸将毛刺打平,用铲刀将污染物铲除,最后用旧布或棉丝将基底擦拭干净,不留尘土。

(2)检查顺序:对房间墙面应该先行观察四个阴角和阳角是否垂直,墙面踢脚有无缺陷。对门框、门扇主要是检查木材有无缺陷、拼缝、棱角等,做到心中有数。

(3)"检"的方法:目测、手感、量具量、铲刀铲。要求:全面、彻底、无遗漏。

2."调"

(1)调配腻子的方法:在调配腻子时,首先把水加到填料中,占据填料的孔隙,减少填料的吸油量,有利于打磨。为避免油水分离,最后再加一点填料以吸尽多余的水分。

(2)配石膏腻子时,应油、水交替加入。这是因为石膏遇水,不久就变硬,而光加油会吸进很多油且干后不易打磨。交替加入,油、水产生乳化反应,所以刮涂后总有细密的小气孔。这是石膏腻子的特征。

将填料、固结料、黏着料压合均匀,装桶后用湿布盖好,避免干结。

3."刮"

先补、填洞,嵌缝,补棱角,找平,再刮(批)。

一般分三段刮批腻子。刮板挖腻子略带倾斜,由下往上刮 0.8～1m。再翻手从同一位置刮板成 90°向下刮,要用腕力,尽量将腻子刮薄,以达到墙面平整为宜。

4."磨"

折叠砂纸:一张砂纸应该折成四小张,砂面要向内,使用时再翻开叠。

握砂纸:要保证砂纸在手中不移动、脱落,应该是手指三上两下,以将砂纸夹住抽不动为佳。

磨砂纸应该根据不同部位采用不同姿势进行,以保证不磨掉棱角。木材面打磨砂纸要遵循顺木纹的原则。

大面平磨砂纸应该由近至远,手掌两块肌肉紧贴墙面。当砂纸往前推进时,掌心两股肌肉可以同时起到检查打磨质量的作用,做到磨检同步,既节省时间、减少工序,又可立即补正。

5."擦"

擦揩包括清洁物件、修饰颜色、增亮涂层等多重作用。

(1)擦涂颜色。掌握木材面显木纹清水油漆的不同上色的揩擦方法(包括润油粉、润水粉揩擦和擦油色),做到快、匀、净、洁四项要求。

快:擦揩动作要快,并要变化揩的方向,先横纤维或呈圆圈状用力反复揩涂。设法使粉浆均匀地填满实木纹管孔。匀:凡需着色的部位不应遗漏,应揩均匀,揩纹要细。净、洁:擦揩均匀后,还要用干净的棉纱头进行横擦竖揩,直至表面的粉浆擦净,在粉浆全部干透前,将阴角或线角处的积粉,用剔脚刀或剔脚筷剔清,使整个物面洁净、水纹清晰、颜色一致。

(2)擦漆片。擦漆片一般是用白棉布或白涤纶布包上一团棉花拧成布球,布球大小根据所擦面积而定,包好后将底部压平,蘸满漆片,在腻子上画圈或画 8 字或进行曲线运动,像刷油那样挨排擦匀。

漆片不足,手感发涩时,要停擦,再次蘸漆片接着擦。

6."刷"

刷涂是用排笔、毛刷等工具在物体饰面上涂饰涂料的一种操作。涂刷前应该检查基底是否已经处理完好,环境是否符合要求。刷涂时,首先要调整好涂料的黏度。用鬃刷刷涂的涂料，黏度一般以 40～100Pa·s 为宜（25℃，涂-4 黏度计），而用排笔刷涂的涂料以 20～40Pa·s 为宜。用鬃刷刷涂油漆时，刷涂的顺序是先左后右、先上后下、先难后易、先线角后平面，围绕物件从左向右一面一面地按顺序刷涂，避免遗漏。

用排笔刷油漆时，要始终顺木纹方向涂刷，蘸漆量要合适，不宜过多，下笔要稳、准，起笔、落笔要轻快，运笔中途可稍重些。刷平面要从左到右；刷立面要从上到下，刷一笔是一笔，两笔之间不可重叠过多。

7."喷"

喷涂是用手压泵或电动喷浆机压缩空气将涂料涂饰于物面的机械化操作方法。

喷涂施工的基本操作方法如下。

（1）喷枪要执稳，涂料出口应与被喷涂面垂直，不得向任何方向倾斜。

（2）喷枪移动长度不宜太大，一般以 70～80cm 为宜。喷涂行走路线应成直线，横向或竖向往返喷涂，往返路线应按 90°圆弧形状拐弯，见图 2-1，而不要按很小的角度拐弯。

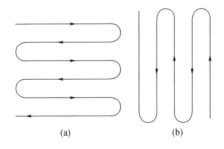

(a)　　　　　　　　(b)

图 2-1　喷枪喷涂路线示意图

（a）横向喷涂路线；（b）竖向喷涂路线

（3）喷涂面的搭接宽度，即第一行喷涂面和第二行喷涂面的重叠宽度，一般应控制在喷涂面宽度的 1/3～1/2，以便使涂层厚度比较均匀，色调基本一致。

（4）喷枪移动时，应与喷涂面保持平行，而不要将喷枪做弧形移动。

同时,喷枪的移动速度要保持均匀一致,这样涂膜的厚度才能均匀。

(5)喷涂时应先喷门窗口附近。涂层一般要求两遍成活。墙面喷涂一般是头遍横喷,第二遍竖喷,两遍之间的间隔时间,随涂料品种及喷涂厚度而有所不同,一般在2h左右。

8.“滚”

滚涂施工的基本操作方法如下。

(1)先将涂料倒入清洁的容器中,充分搅拌均匀。

(2)根据工艺要求适当选用辊子,如压花辊、拉毛辊、压平辊等,用辊子蘸少量涂料或蘸满涂料在钢丝网上来回滚动,使辊子上的涂料均匀分布,然后在涂饰面上进行滚压。

(3)在容器内放置一块比辊略宽的木板,一头垫高成斜坡状,辊子在木板上辊一下,使多余的涂料流出。

二、涂裱操作技法

如果腻子批刮得好,即使是比较粗陋的底层也能涂饰成漂亮的成品;如果腻子批刮不好,就是没有什么缺陷的底层,涂饰后的漆层效果也不会理想。

1.基本要求

批刮腻子时,手持铲刀与物面成 50°～60°夹角,用力填刮。木材面、抹灰面必须在经过清理并干燥后进行;金属面必须经过底层除锈,涂上防锈底漆,并在底漆干燥后进行。

为了使腻子达到一定的性能指标,批刮腻子必须分几次进行。每批刮完一次算一遍,如头遍腻子、二遍腻子等。要求高的精品要达到四遍以上。每遍批刮都有其操作重点及要求。

批刮腻子的要领:实、平、光,见图 2-2)。

(1)第一遍腻子。要调得稠厚些,把木材表面的缺陷如虫眼、节

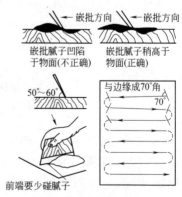

图 2-2 嵌批腻子操作要领

疤、裂缝、刨痕等处嵌批一下,要求四边粘实。这遍要领是"实"。

(2)第二遍腻子。重点要求填平,在第一遍腻子干燥后,再批刮第二遍腻子。这遍腻子要调得稍稀一些,把第一遍腻子因干燥收缩而仍然不平的凹陷处和整个物面上的鬃眼满批一遍,要求"平"。

(3)第三遍腻子。要求"光",为打磨创造条件。每遍腻子的嵌批次序,要先上后下,先左后右,先平面后棱角。刮涂后,要及时将不应刮涂的地方擦净、抠净,以免干结后不好清理。

2.操作技法

(1)橡胶刮板操作。

拇指在前,其余四指托于其后使用。多用于涂刮圆柱、圆角和收边、刮水性腻子和不平物件的头遍腻子。

(2)木刮板操作。

顺用的木刮板,虎口朝前大把握着使用。因为它的刃平而光,又能带住腻子,所以用它刮平面是最合适的,既能刮薄又能刮厚。横刃的大刮板,用两手拿着使用,先用铲刀将腻子挑到物件上,然后进行刮涂。适于刮平面和顺着刮圆棱。

(3)硬质塑料刮板操作。

因为弹性较差,腰薄,不能刮涂稠腻子,带腻子的效果也不太好,所以只用于刮涂过氯乙烯腻子(其腻子稠度低)。

(4)钢刮板操作。

板厚体重,板薄腰软,刮涂密封性好,适合刮光。

(5)牛角刮板操作。

具有与椴木刮板相同的效能,其刃韧而不倒,只适合找腻子使用。

做腻子讲究盘净、板净,刮得实,干净利落边角齐,平整光滑易打磨,无孔无泡再涂刷。

3.嵌批方法

嵌批在涂饰施工中,占用工时最多,要求工艺精湛。嵌批质量好,可以弥补基层的缺陷。故除要熟悉嵌批技巧和工具的使用外,根据不同基层、不同的涂饰要求,掌握、选择不同的腻子也非常重要,见表2-5～表2-7。

表 2-5   木质面基层腻子的选用及嵌批方法

涂层做法	腻子选用及嵌批方法
清油→铅油→色漆面涂层	选用石膏油腻子。在清油干后嵌批。对较平整的表面用钢皮刮板批刮,对不平整表面可用橡胶刮板批刮
清油→油色→清漆面涂层	选用与清油颜色相同的石膏油腻子。嵌批腻子应在清油干后进行。鬃眼多的木材面满刮腻子。磨平嵌补部位腻子
润油粉→漆片→硝基清漆面涂层	选用漆片大白粉腻子。润油粉后嵌补。表面平整时可在刷过2遍或3遍漆片后,用漆片大白粉腻子嵌补;表面坑凹时用加色石膏油腻子嵌补,颜色与油粉相同。室内木门可在润油粉前用漆片大白粉腻子嵌补,嵌满填实,略高出表面,以防干缩
清油→油色→漆片→清漆面涂层	选用加色石膏油腻子,在清油干后满批。对表面比较光洁的红、白松面层采用嵌补;对缺陷较多的杂木面层一般要满批
水色→清油→清漆面涂层	选用加色石膏油腻子,在清油干后满批。为使木纹清晰,要把腻子收刮干净。待批刮的腻子干后,再嵌补洞眼凹陷
润油粉→聚氨酯清漆底→聚氨酯清漆面涂层	选用聚氨酯清漆腻子,腻子颜色要调成与物面色相同。在润完油粉后嵌批。嵌批时动作要快,不能多刮,只能一个来回
清油→油色→清漆面涂层(木地板油漆)	选用石膏油腻子。先将裂缝等缺陷处用稠石膏油腻子填填,打磨、清扫,再满批。满批腻子用水量要少,油量增加20%。满批前先把腻子在地板上做成条状,双手用大刮板边批刮边收净腻子
润油粉→漆片→打蜡涂层(木地板油漆)	选用石膏油腻子。嵌补腻子要在润油粉、刷二道漆片后进行。腻子的加色要和漆片颜色相同,嵌疤要小,一般不满批

表 2-6   水泥、抹灰面层腻子的选用及嵌批方法

涂层做法	腻子选用及嵌批方法
无光漆或调和漆涂层	选用石膏油腻子,批头遍腻子,干后不宜打磨,二遍腻子批平整。水泥砂浆面要纵横各批一遍
大白浆涂层	选用菜胶腻子或纤维素大白腻子。满批一遍,干后嵌补。如刷色浆,批加色腻子
过氯乙烯漆涂层	选用成品腻子。在底漆干后,随嵌随刮(不满批),不能多刮以免底层翻起
石灰浆涂层	选用石灰膏腻子。在第一遍石灰浆干后嵌补,用钢皮刮板将表面刮平

表 2-7	金属面层腻子的选用及嵌批方法
涂层做法	腻子选用及嵌批方法
防锈漆→色漆涂层	选用石膏油腻子。防锈漆干后嵌补。为增加腻子干性,宜在腻子中加入适量厚漆或红丹粉
喷漆涂层	选用石膏腻子或硝基腻子。为避免出现龟裂和起泡,在底漆干后嵌批。头道腻子批刮宜稠,使表面呈粗糙状。二道、三道腻子稀。硝基腻子干燥快,批刮要快,厚度不超过 1mm。第二遍腻子要在头遍腻子干燥后批刮。硝基腻子干后坚硬,不易打磨,尽量批刮平

4. 两三下成活涂法

两三下成活涂法是嵌批腻子的基础。这种刮涂法首先是抹腻子,把物面抹平,然后再刮去多余的腻子,刮光。

(1)挖腻子。

从桶内把腻子挖出来放在托盘上,将水除净,以稀料调整稠度合适后,用湿布盖严,以防干结和混入异物。当把物件全部清理好后,用刮板在托盘的一头挖一小块腻子使用,挖腻子是平着刮板向下挖,不要向上掘。

(2)抹腻子。

把挖起来的腻子马上往物件左上角打,要放得干净利落。这一抹要用力均衡,速度一致,逢高不抬,逢低不沉,两边相顾,涂层均匀。腻子的最厚层以物件平面最高点为准,见图 2-3。

图 2-3　腻子的厚度以物面最高点为准

1—抹腻子平面;2—物面最高点

(3)刮腻子。

为同一板腻子的第二下。先将剩余的腻子打在紧挨这板腻子的右上角,把刮板里外擦净,再接上一次抹板的路线,留出几毫米宽的厚层不刮,用力按着刮下去,保持平衡并压紧腻子。这时,刮板下的腻子越来越多,所以越刮刮板越趋向与物面垂直。当刮板刮到头时,将刮板快速竖直,往怀里带,就能把剩余的腻子带下来。把带下的腻子仍然打在右上角。若这一板还没刮完,那么就得按第二下的方法把刮板弄净,再来第三下。刮过这三下,腻子已干凝,应抓紧时间刮紧挨这板的另一板,否则两板接不好。又由于手下过涩,所以再刮就易卷皮。

(4)两三下成活涂法要点。

头一板腻子完成后,紧接着应刮第二板腻子。第二板腻子要求起始早,需要在刮第一板的右边高棱尚未干凝以前刮好,使两板相接平整。刮涂第二板时,可按第一板的刮法刮下去,若剩余的腻子不够一板使用,应补充后再刮。两板相接处要涂层一致,保持平整。

分段刮涂的两个面相接时,要等前一个面能托住刮板时再刮,否则易出现卷皮。

防止卷皮或发涩的办法:在同样腻子条件下,加快速度刮完,或者再次增添腻子以保证润滑。后增添腻子,涂层增厚,需费工时打磨。

除熟练地掌握嵌批各道腻子的技巧和方法外,还应掌握腻子中各种材料的性能与涂刷之间的关系。选用适当性质的腻子及嵌批工具。

第四节　打磨、擦揩

一、打磨

无论是做基层处理,还是在涂饰的工艺过程中,打磨都是必不可少的操作环节。应能根据不同的涂料施工方法,正确地使用不同类型的打磨工具,如木砂纸、铁砂布、水砂纸或小型打磨机具。

在各道腻子面上打磨要注意"磨去残存,表面平整""轻磨慢打,线角分明",并能正确地选择打磨工具的型号。

1.打磨工艺要点

(1)涂膜未干透不能磨,否则砂粒会钻到涂膜里。

(2)涂膜坚硬而不平或涂膜软硬相差大时,可利用锋利磨具打磨。如果使用不锋利的磨具打磨,会越磨越不平。

(3)怕水的腻子和触水生锈的工件不能水磨。

(4)打磨完应除净灰尘,以便于下道工序施工。

(5)一定要拿紧磨具、保护手,以防把手磨伤。

2. 打磨方式

用手拿砂纸或砂布打磨称为手磨;用木板垫在砂纸或砂布上进行打磨或以平板风磨机打磨称为卡板磨;用水砂纸、水砂布蘸着水打磨称为水磨。

3. 手工打磨

砂纸、砂布的选用原则:按照打磨量、打磨的精或粗,选择不同型号的砂纸、砂布;按照涂膜不同性质,选择布砂纸或水砂纸。

(1)打磨要求。

先重后轻、先慢后快、先粗后细、磨去凸突,达到表面平整,线角分明。

(2)具体操作。

把砂纸或砂布包裹在木垫中,一手抓住垫块,一手压在垫块上,均匀用力。也可用大拇指、小拇指和其他三根手指夹住砂纸打磨,见图 2-4。

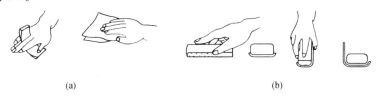

(a)   (b)

图 2-4　砂纸打磨法

(a)用手打磨;(b)砂纸包在木垫上打磨

涂料施涂过程中,膜面出现橘皮、凹陷或颗粒,采用干磨,用力要轻。膜层坚硬,可先采用溶剂溶化,用水砂纸蘸汽油打磨。

4. 打磨技法

打磨技法分为磨头遍腻子、磨二遍腻子、磨末遍腻子、磨二道浆、磨漆腻子、磨漆皮。

(1)磨头遍腻子。

头遍腻子要把物件做平,在腻子刮涂得干净无渣、无突高腻棱时,不需打磨,否则应进行粗磨。粗磨头遍腻子要达到去高就低的目的,一般用破砂轮、粗砂布打磨。

（2）磨二遍腻子。

磨二遍腻子即磨头遍与末遍腻子中间的几道腻子。磨二遍腻子可以干磨或水磨,但应用卡板打磨,并要求全部打磨一遍。打磨顺序为先磨平面,后磨棱角。干磨是先磨上后磨下;水磨是先磨下后磨上。圆棱及其两侧直线是打磨重点。这些地方磨整齐了,全物件就整洁美观。面、棱磨完后,换为手磨,找尚未磨到之处和圆角进行打磨。

（3）磨末遍腻子。

如果末遍腻子刮得好,只需要磨光,刮得不好,要先用卡板磨平后,再手磨磨光。在这遍打磨中,磨平要采用 1.5 号砂布或 150 粒度水砂纸;细磨要使用 1～60 号砂布或 220～360 粒度水砂纸,磨的顺序与磨二遍腻子的相同。全部打磨完后,复查一遍,并用手磨方法把清棱清角轻轻地倒一下,最后全部收拾干净。

（4）磨二道浆。

磨二道浆完全采用水磨。浆喷得粗糙,可先用 180 粒度水砂纸卡板磨,再用磨浆喷得细腻的 220～360 粒度水砂纸打磨。磨二道浆不许磨漏,即不许磨出底色来。水磨时,水砂纸或水砂布要在温度为 10～25℃的水中使用,以免发脆。

（5）磨漆腻子。

磨漆腻子可以用 60 号砂布蘸汽油打磨,最后用 360 粒度水砂纸水磨。全部磨完后,把灰擦净。

（6）磨漆皮。

喷漆以后出现的皱皮或大颗粒都需要打磨。因漆皮很硬不易磨,较严重者可先用溶剂溶化,使其颗粒缩小,再用水砂纸蘸汽油打磨。多蘸汽油,着力轻些就不会出现黏砂纸的现象。采用干磨时,用力更要轻一些。

二、擦揩

擦揩具有清洁物件、修饰颜色、增亮涂层等多重作用。

1.擦揩方法

掌握木材面显木纹清水油漆的不同上色的擦揩方法(包括润油粉、润水粉擦揩和擦油色),并能做到快、匀、净、洁。

(1)快。擦揩动作要快,并要变化揩的方向,先横向或呈圆圈状用力反复揩涂。设法使粉浆均匀地填满木纹管孔。

(2)匀。凡需着色的部位不应遗漏,应揩匀,揩纹要细。

(3)洁、净。擦揩均匀后,还要用干净的棉纱头进行横擦竖揩,直至表面的粉浆擦净,在粉浆全部干透前,将阴角或线角处的积粉,用剔脚刀或剔脚筷剔清,使整个物面洁净、水纹清晰、颜色一致。

2.具体操作方法

要先将涂料调成粥状,用毛刷呛色后,均刷一片物件,约0.5m²。用已浸湿拧干的软细布猛擦,把所有鬃眼腻平,然后再顺着木纹把多余的颜料擦掉,求得颜色均匀、物面平净。在擦平时,布不要随便翻动,要使布下成为平底。布下成平底的执法,见图2-5。颜色多时,将布翻动,取下颜色。要在2~3min完成,使手下不涩,否则鬃眼擦不平。

图2-5　布下成平底的执法

3.擦漆片

擦漆片主要用于底漆。

水性腻子做完以后要想进行涂漆,应先擦上漆片,使腻子增加固结性。

擦漆片一般是用白棉布或白的涤纶布包一团棉花拧成布球,布球大小根据所擦面积而定,包好后将底部压平,蘸满漆片,在腻子上画圈或画"8"字形,或进行曲线运动,像刷油那样挨排擦匀。擦漆片见图2-6。

(a)

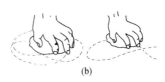

(b)

图2-6　擦漆片

(a)擦涂路线;(b)擦涂方式

4.揩蜡克

如清漆的底色,没有把工件全填平,涂完后显亮星,有碍美观。若第二遍硝基清漆以擦揩方法进行,可以填平工件。首先要根据麻眼大小调好漆,麻眼大,漆应稠;麻眼小,可调稀。擦平后,再以溶剂擦光但不打蜡。

涂硝基漆后,如果涂膜达不到洁净、光亮的质量要求,可以进行抛光。抛光是在涂膜干后,用纱包涂上砂蜡按次序推擦。擦到涂膜光滑时,再换一块干净细软布把砂蜡擦掉(其实孔内的砂蜡已擦不掉了)。然后擦涂上光蜡。使用软细纱布、脱脂棉、头发等物,快速轻擦。光亮后,间隔半日,再擦还能增加一些光亮度。

抛光擦砂蜡具有很大的摩擦力,涂膜未干透时很容易把涂膜擦卷皮。为确保安全,最好把抛光工序放在喷完漆两天后进行。

使用上光蜡抛光时,常采用机动工具。采用机动工具抛光时,应特别注意保持抛光轮与涂面洁净,否则涂面将出现显著的划痕。

第一次揩涂所用的硝基清漆黏度稍高(硝基清漆与香蕉水的比例为1:1)。具体揩涂时,棉球蘸适量的硝基清漆,先在表面上顺木纹擦涂几遍。接着在同一表面上采用圈涂法,即棉球呈圆圈状移动在表面上擦揩。圈涂要有一定规律,棉球在表面上一边转圈,一边顺木纹方向以均匀的速度移动。从表面的一头揩到另一头。在一遍中间,转圈大小要一致,整个表面连续从头揩到尾。在整个表面按同样大小的圆圈揩过几遍后,圆圈直径可增大,可由小圈逐渐变为中圈、大圈。棉球运动轨迹见图 2-7。

(a)   (b)   (c)

图 2-7　棉球运动轨迹

(a)圈涂;(b)8 字形涂;(c)直涂

第一次揩涂可能留下曲线形涂痕,还要横揩、斜揩数遍,再顺木纹直揩,以求揩出的漆膜平整,并消除曲线形涂痕,这时可结束第一次(也称第一操)揩涂。

使用揩涂法之所以能够获得具有很高装饰质量的漆膜,是因为揩涂的涂饰过程符合硝基清漆形成优质漆膜的规律。每一遍揩涂都形成一个较为平整、均匀而又极薄的涂层,干燥时收缩很小。揩涂的压力比刷涂大,能把油漆压入管孔中,因而漆膜厚实丰满。挥发型漆的漆膜是可逆的,能被原溶剂溶解。这样每揩涂一遍,对前一个涂层起到两个作用,一是增加涂层厚度,二是对前一个涂层起到一定程度的溶平修饰作用。硝基漆中的溶剂能把前一个涂层上的皱纹、颗粒、气泡等凸出部分溶去,而漆中的成膜物质又能把前一个涂层的凹陷部分填补起来,这样又形成一个新的较为平整、均匀的涂层。多次逐层积累,最终的表面漆膜平滑且均匀。再经过进一步的砂磨、抛光,即获得具有装饰质量良好并经久耐用的漆膜。

第五节 常用涂饰技艺

一、刷涂

刷涂是用排笔、毛刷等工具在物体饰面上涂饰涂料的一种操作,是涂料施工最古老、最基本的一种施工方法。其特点为工具简单、轻巧,易于掌握,施工方便,适应性广。

刷涂质量的好坏,主要取决于操作者的实际经验和操作熟练程度。操作者不但要掌握各种刷涂工具的正确使用和维护保管方法,而且还要掌握各种刷具的使用技巧,并根据各层涂料的不同要求,正确使用不同型号和不同新旧程度的刷具。

(1)刷涂时,首先要调整好涂料的黏度。用鬃刷刷涂的涂料,黏度一般以 $40\sim100\text{Pa}\cdot\text{s}$ 为宜($25℃$,涂－4黏度计),而用排笔刷涂的涂料以 $20\sim40\text{Pa}\cdot\text{s}$ 为宜。使用新漆刷时要稀一些;毛刷用短后,可稍稠一些。相邻两遍刷涂的间隔时间,必须能保证上一道涂层干燥成膜。刷涂的厚薄要适当、均匀。

(2)用鬃刷刷涂油漆时,刷涂的顺序是先左后右,先上后下,先难后易,先线角后平面,围绕物件从左向右,一面一面地按顺序刷涂,避免遗漏。对于窗户,一般是先外后里,对向里开启的窗户,则先里后外;对于门,一般是先里后外,而对向外开启的门则要先外后里;对于大面积的刷涂操作,常按开油→横油斜油→理油的方法刷涂。油刷蘸油后上下直刷,每条间距5~6cm,这一工序称为开油,开油时,可多蘸几次漆,但每次不宜蘸得太多。开油后,油刷不再蘸油,将直条的油漆向横的方向和斜的方向刷匀,这一工序称为横油斜油。最后,将鬃刷上的漆在桶边擦干净后,在涂饰面上顺木纹方向直刷均匀,这一工序称为理油。全部刷完后,应检查一遍,看是否已全部刷匀、刷到,再把刷子擦干净,从头到尾再顺木纹方向刷均匀,消除刷痕,使其无流坠、橘皮或皱纹,并注意边角处不要积油。

(3)用排笔涂油漆时,要始终顺木纹方向涂刷,蘸漆量要合适,不可过多,下笔要稳准,起笔、落笔要轻快,运笔中途可稍重些。刷平面要从左到右,刷立面要从上到下,刷一笔是一笔,两笔之间不可重叠过多。蘸漆量要均匀,不可一笔多、一笔少,以免显出刷痕并造成颜色不匀。刷涂时,用力要均匀,不可轻一笔、重一笔,随时注意不可刷花、流挂,边角处不得积漆。刷涂挥发快的虫胶漆时,不要过多地回刷,以免咬底、刷花;一笔到底,中途不可停顿。

(4)刷涂时还应注意:在垂直的表面上刷漆,最后理油应由上向下进行;在水平表面上刷漆,最后理油应按光线照射方向进行;在木器表面刷漆,最后理油应顺着木材的纹路进行。

刷涂水性浆和涂料时,较刷油简单。但因面积较大,为取得整个墙面均匀一致的效果,刷涂时,整个墙面的刷涂运笔方向和行程长短均应一致,接槎最好在分格缝处。

二、滚涂

滚涂是用毛辊进行涂料的涂饰。

(1)优点:工具灵活轻便,操作容易,毛辊着浆量大,较刷涂的工效高,且涂布均匀,对环境无污染,不显刷痕和接槎,装饰质量好。

(2)缺点:边角不易滚到,需用刷子补涂,滚涂油漆饰面时,可以通过与刷涂结合或多次滚涂,做成几种套色的、带有多种花纹图案的饰面样式。

（3）与喷涂工艺相比，滚涂时花纹图案易于控制，饰面式样匀称美观；还可滚涂各种细粉状涂料、色浆或云母片状厚涂料等；可采用花样辊压出浮雕状饰面、拉毛饰面等。做平光饰面时，可用刷辊，要求涂料黏度低，平展性好。做厚质饰面时，可用布料辊，这样既可用于高黏度涂料厚涂层的上料，又可保持滚涂出来的原样式，再用各种花样辊如拉毛辊、压花辊，做出拉毛或凹凸饰面。

（4）滚涂施工是一项难度较高的工艺，要求操作人员有比较熟练的技术。滚涂施工的基本操作方法如下。

1）先将涂料倒入清洁的容器中，搅拌均匀。

2）根据工艺要求适当选用辊子，如压花辊、拉毛辊、压平辊等，用辊子蘸少量涂料或蘸满涂料在铁丝网上来回滚动，使辊子上的涂料均匀分布，然后在涂饰面上进行滚压。

3）开始时要少蘸涂料，滚动稍慢，避免涂料被挤出飞溅。滚压方向要一致，避免蛇行和滑动。滚涂路线见图 2-8。先使毛辊按倒 W 形运行，把涂料大致涂在墙面上。然后，上下左右平稳滚动，使涂料均匀分布。

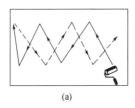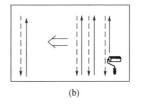

(a)　　　　　　　　　　　(b)

图 2-8　滚涂路线

(a)按倒 W 形运行；(b)上下左右平稳滚动

4）滚压至接槎部位或达到一定的阶段时，可用不蘸涂料的空辊子滚压一遍，以保持涂饰面的均匀和完整，并避免接槎部位显露明显的痕迹。

5）阴角及上下口等细微狭窄部分，可用排笔、弯把毛刷等进行刷涂，然后用毛辊进行大面积滚涂。

6）滚压一般要求两遍成活，饰面式样要求花纹图案完整清晰，均匀一致，涂层厚薄均匀，颜色协调。两遍滚压的时间间隔与刷涂的相同。

三、喷涂

1. 喷涂工艺特点

(1)喷涂是用压力或压缩空气将涂料涂布于物面的机械化操作方法。

(2)其优点是涂膜外观质量好,工效高,适用于大面积施工,对于被涂物面的凹凸、曲折、倾斜、孔缝等处都能喷涂均匀,并可通过涂料黏度、喷嘴大小及排气量的调节获得不同质感的装饰效果。

(3)缺点是涂料的利用率低,稀释剂损耗多,喷涂过程中成膜物质约有 20％飞散在施工环境中。同时,对喷涂技法的要求较高,尤其是使用硝基漆、过氯乙烯漆、氨基漆和双组分聚酯油漆时,对喷涂技法的要求更高。

2. 气动涂料喷枪

气动涂料喷枪见图 2-9,可由较大的涂料生产厂配套供应。大规模的涂饰工程或有条件的工地可采用液压的高压无气喷涂机,涂料的雾化更为均匀。对于小型的修缮工程或供家庭使用则可选择手动喷浆机。

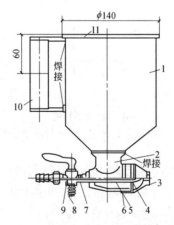

图 2-9 内混式气动涂料喷枪构造示意图

1—料斗;2—涂料通路;3—涂料喷嘴;4—空气喷嘴;
5—空气通道;6—涂料喷嘴调节螺母;7—定位旋钮;
8—弹簧;9—气阀开关;10—手柄;11—盖板

3.喷枪检查

(1)将皮管与空气压缩机接通,检查气道部分是否通畅。

(2)各连接件是否紧固,并用扳手拧紧。

(3)涂料出口与气道是否为同心圆,如不同心,应转动调节螺母调整涂料出口或转动定位旋钮调整气道位置。

(4)按照涂料品种和黏度选用适合的喷嘴。薄质涂料选用孔径为2~3mm的喷嘴,骨料粒径较小的粒状涂料及厚质、复层涂料选用孔径为4~6mm的喷嘴,较大的粒状涂料、软质涂料和稠度较大的涂料选用孔径为6~8mm的喷嘴。

4.选用合适的喷涂参数

(1)空气压缩机的工作压力以0.4~0.8MPa为宜,见图2-10。

(2)喷嘴和喷涂面的距离一般为40~60cm(喷漆时为20~30cm)。喷嘴距喷涂面过近,涂层厚薄难以控制,易出现涂层过厚或流挂现象。距离过远,涂料损耗多,见图2-11。

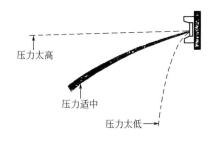

图2-10　选择压力示意图　　　　图2-11　调整距离示意图

(3)在料斗中加入涂料,应与喷涂作业协调,采用连续加料的方式,应在料斗中涂料未用完之前加入,使涂料喷涂均匀。同时还应根据料斗中涂料加入的情况,调整气阀开关。

5.喷涂作业

(1)喷枪要握稳,涂料出口应与被喷涂面垂直,不得倾斜。在图2-12中,上图所示位置正确,下图所示位置不正确。

(2)喷枪移动长度不宜太大，一般以70～80cm为宜，喷涂行走路线应成直线，横向或竖向往返喷涂，往返路线应按90°圆弧形状拐弯，见图2-13(a)；而不要以很小的角度拐弯，见图2-13(b)。

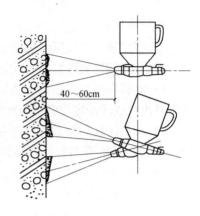

图 2-12　涂料出口位置示意图

(3)喷涂面的搭接宽度，即第一行喷涂面和第二行喷涂面的重叠宽度，一般应控制在喷涂面宽度的1/3～1/2，以使涂层厚度比较均匀，色调基本一致。这就是所谓的"压枪喷"，见图2-14。

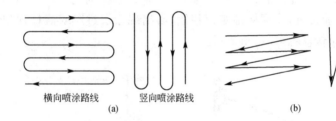

横向喷涂路线　　竖向喷涂路线
(a)　　　　　　　　　　　　　　(b)

图 2-13　喷枪移动示意图
(a)正确的喷涂路线；(b)不正确的喷涂路线

要做到以上几点，关键是练习喷涂技法。喷涂技法讲究手、眼、身、步法，缺一不可，枪柄夹在虎口，以无名指轻轻拢住，肩要下沉。若是大把紧握喷枪，肩又不下沉，操作几小时后，手腕、肩膀就会乏力。喷涂时，喷枪走到哪里，眼睛看到哪里，既要找准喷枪的位置，又要注意喷过之处涂膜的形成情况和喷雾的落点，要以身躯的移动协助臂膀的移动，来保证适宜的喷射距离及与物面垂直的喷射角度。喷涂时，应移动手臂而不是手腕，但手腕要灵活，才能协助手臂动作，以获得厚薄均匀适当的涂层。

(4)喷枪移动时，应与喷涂面保持平行，而不要使喷枪做弧形移动(图 2-15)，否则中部的涂膜较厚，周边的涂膜就会逐渐变薄。同时，喷

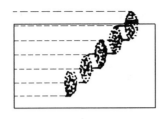

图 2-14　压枪喷法

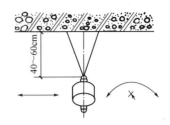

图 2-15　喷枪移动要保持平行

枪的移动速度要始终保持均匀一致,这样涂膜的厚度才能均匀。

(5)喷涂时应先喷门窗口附近部位。涂层一般要求两遍成活。墙面喷涂一般是第一遍横喷,第二遍竖喷,两遍之间的间隔时间,随涂料品种及喷涂厚度的不同而有所不同,一般 2h 左右。喷涂施工最好连续作业,一气呵成,完成一个作业面或到喷分格线再停歇。在整个喷涂作业中,要求做到涂层平整均匀,色调一致,无漏喷、虚喷及涂层过厚形成流坠等现象。如发现上述情况,应及时用排笔涂刷均匀,或干燥后用砂纸打去涂层较厚的部分,再用排笔涂刷。

(6)喷涂施工时应注意对其他非涂饰部位的保护与遮挡,施工完毕后,再拆除遮挡物。

第三章 涂裱工岗位操作常用机械机具

第一节 涂饰操作机械机具

一、涂饰操作手工工具

1. 手工涂刷工具

它是使涂料在物面上形成薄而均匀的涂层的工具,常用的有排笔、油刷、漆刷、棕刷、底纹笔等。

(1)排笔。

排笔是手工涂刷的工具,用羊毛和细竹管制成。每排可有 4～20 管。4 管、8 管的主要用于刷漆片。8 管以上的多用于涂刷墙面的油漆及刷浆。排笔的刷毛较毛刷的鬃毛柔软,适于涂刷黏度较低的涂料。

1)排笔选择以长短适度,弹性好,不脱毛,有笔锋的为好。涂刷过的排笔,必须用水或溶剂彻底洗净,将笔毛捋直保管,以保持笔毛的弹性。

2)使用排笔涂刷时,用手拿住排笔的右角,用大拇指压住排笔一面,其余四指握成拳头形状置于排笔另一面,见图 3-1。用排笔从容器内蘸涂料时,大拇指要略松开一些,笔毛向下,见图 3-2。

图 3-1 刷浆时拿法

图 3-2 蘸浆时拿法

(2)油刷。

油刷是用猪鬃、铁皮制成的木柄毛刷,是手工涂刷的主要工具。油刷刷毛的弹性与强度比排笔的大,故用于涂刷黏度较大的涂料,如酚醛漆、醇酸漆、酯胶漆、清油、调和漆、厚漆等油性清漆和色漆。各种形状的毛刷,见图 3-3。毛刷的选用按使用的涂料来决定。使用后的处理,见图 3-4。油刷的拿法,见图 3-5。

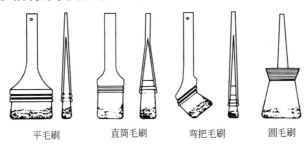

平毛刷　　直筒毛刷　　弯把毛刷　　圆毛刷

图 3-3　毛刷的形状

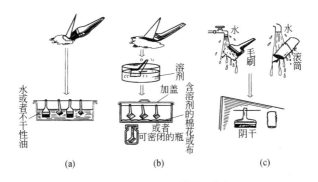

(a)　　　　　　(b)　　　　　　(c)

图 3-4　毛刷使用后的处理方法

(a)刷油性涂料毛刷的处理;(b)刷硝基纤维涂料和紫虫胶
调墨漆(清漆)毛刷的处理;(c)刷合成树脂乳液涂料毛刷的处理

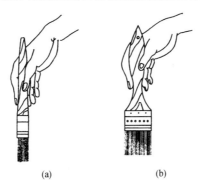

(a)　　　　　　(b)

图 3-5　油刷拿法

(a)侧面刷油;(b)大面刷油

2.嵌批工具

正确选用嵌批工具对改善腻子涂层的平整度和提高劳动效率有着重要作用。嵌批工具的种类很多,常用的有铲刀(图 3-6)、牛角翘(图 3-7)、钢皮批板(图 3-8)、橡皮批板(图 3-8)、脚刀(图 3-9)。托板用于盛托各种腻子,可在托板上面调制、混合腻子,多用木材制成,也有用金属、塑料或玻璃等制成(图 3-10)。

(a)   (b)   (c)

图 3-6　铲刀及其拿法
(a)铲刀;(b)清理木材面时的拿法;(c)调配腻子时的拿法

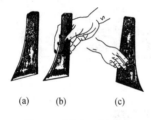

(a)   (b)   (c)

图 3-7　牛角翘及其拿法
(a)牛角翘;(b)嵌腻子时拿法;
(c)批刮腻子时拿法

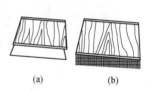

(a)   (b)

图 3-8　钢皮批板与橡皮批板
(a)钢皮批板;(b)橡皮批板

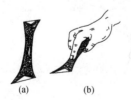

(a)   (b)

图 3-9　脚刀及其握法
(a)脚刀;(b)脚刀握法

把手

把手在下面

图 3-10　托板

3.滚涂工具

辊具分为一般滚涂工艺用辊具(图 3-11)和艺术滚涂工艺用辊具

(图 3-12)及与毛辊配套的辅助工具——涂料底盘和辊网,见图 3-13。

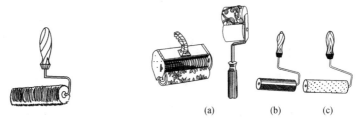

图 3-11　一般滚涂工艺用辊具

图 3-12　艺术滚涂工艺用辊具
(a)橡胶滚花辊具;(b)硬橡皮辊具;
(c)泡沫塑料辊具

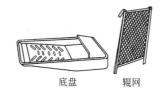

底盘　　　　　辊网

图 3-13　涂料底盘和辊网

二、涂饰操作常用机械

涂料施工常用的机械、机具有除锈机械、手提式电动搅拌机、喷涂机械、磨砂皮机和弹涂机等。

1.除锈机械

常用的除锈机械有手提式角向磨光机、电动刷、风动刷、烤铲枪、喷射设备等,同手工除锈工具相比除锈质量好,工效高。

手提式角向磨光机,见图 3-14,它是通过电动机带动前面的砂轮高速转动摩擦金属表面来达到除锈目的,也可将砂轮换成刷盘,同样能达到除锈目的。

电动刷的动力装置是电动机,风动刷的动力装置是压缩空气机。它们的构造原理是将钢丝刷盘用金属夹紧固在电动机或风动机的轴上,通过机械转动带动钢丝刷盘的转动以摩擦金属面,从而达到除锈目的。

烤铲枪是风动除锈机具,由往复锤体和手柄组成。利用压缩空气使锤体上下不断地运动,敲击物体来达到除锈的目的,见图 3-15。

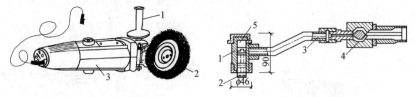

图 3-14 手提式角向磨光机

1—手柄;2—刷盘;

3—磨光机主体部分

图 3-15 烤铲枪

1—套筒;2—敲铲头;3—手柄;

4—开关;5—气罐

2.手提式电动搅拌机

用电钻改装的一种简单的电动搅拌机具,见图 3-16。电动机启动后,带动轴上的叶片转动,容器内的涂料随叶片转动形成漩涡,使涂料上下翻滚搅拌。

3.喷涂机械

(1)喷浆机常用于建筑工程的内外墙、顶棚的喷涂装饰施工。喷浆机常用于石灰浆、大白浆的施涂,分手推式喷浆机和电动喷浆机两种。手推式喷浆机,见图 3-17;电动喷浆机,见图 3-18。

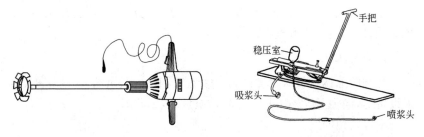

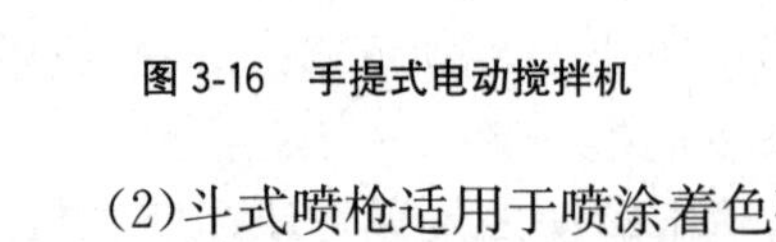

图 3-16 手提式电动搅拌机

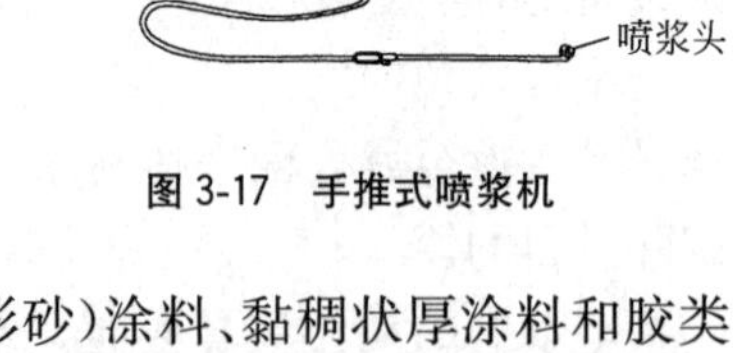

图 3-17 手推式喷浆机

(2)斗式喷枪适用于喷涂着色砂(彩砂)涂料、黏稠状厚涂料和胶类涂料。斗式喷枪由料斗、调气阀、涂料喷嘴座、喷料嘴、定位螺母等组成。

作业时,先将涂料装入喷枪料斗,涂料进入涂料喷嘴座与压缩空气混合,经过喷料嘴呈雾状均匀喷出,常用的有手提斗式喷枪和手提斗式双色喷枪等。

手提斗式喷枪结构简单,使用方便,适用于喷涂乙—丙彩砂涂料、苯—丙彩砂涂料、砂胶外墙涂料和复合涂料等。其结构见图 3-19。

图 3-18　电动喷浆机

1—电动机;2—活塞泵;3—稳压室;4—喷浆头;

5—手把;6—吸浆管;7—贮浆桶;8—轮子

图 3-19　手提斗式喷枪

1—手柄;2—喷枪装料斗;3—喷料嘴

手提斗式喷枪使用时要配备 0.6m³ 的空气压缩机一台,用软管与它接通,待达到设定的气压时,打开气阀就可以进行喷涂作业。

手提式喷枪在当天喷涂结束后,要清洗干净,必须用溶剂将喷道内残余的涂料喷出洗净,否则,会产生堵塞。

手提斗式双色喷枪是由两个料斗喷枪组合成一体的喷枪。

(3)喷漆枪有吸出式喷枪、对嘴式喷枪、流出式喷枪、压力供漆喷枪及高压无气喷枪,喷枪形式见图 3-20。

图 3-20　喷枪形式

(a)吸出式;(b)对嘴式;(c)流出式

(4)高压无气喷涂机,见图 3-21。

(5)彩弹机。彩弹机是施涂专用机具,能将多种色彩弹射到基面上,形成直径 1~2mm 的图点或自然流畅的线条,适用于中、高级装饰

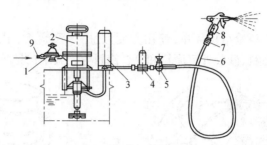

图 3-21 高压无气喷涂机

1—调压阀;2—高压泵;3—蓄压器;4—过滤器;5—截止阀门;
6—高压胶管;7—旋转接头;8—喷枪;9—压缩空气入口

工程,其组成结构见图 3-22。

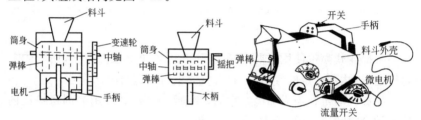

图 3-22 彩弹机结构

(6)油漆桶及滤网。刷涂油漆时,调配、过滤、刷涂、稀释都需要油漆桶(图 3-23)、油漆过滤网(图 3-24)。

图 3-23 油漆桶

1—倒油漆口;2—外圈盖

图 3-24 油漆过滤网

(7)擦涂工具。包括手工操作完成涂漆、上色、擦光时所使用的工具。常用的有纱包、软细布、头发、刨花、磨料等。

(8)其他工具。划线刷、画笔、漆刷、钢丝刷和木提桶、钢皮、直尺、油勺、漏斗、线袋、线坠、刻刀、卷尺、划线笔等。

第二节　抹灰操作常用机械机具

一、抹灰操作手工工具

1.抹子

抹子按地区不同分为方头和尖头两种,按作用不同分为普通抹子和石头抹子。普通抹子分铁抹子(打底用)、钢板抹子(抹面、压光用)。普通抹子有7.5寸、8寸、9.5寸等多种型号。石头抹子是用钢板做成的,主要是在操作水磨石、水刷石等水泥石子浆时使用,除尺寸比较小(一般为5.5~6寸)外,形状与普通抹子相同,见图3-25。

2.钢压子

钢压子是用弹性较好的钢制成的,主要是用于纸筋灰等面层的压光,见图3-26。

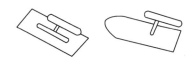

图 3-25　抹子　　　　　　　　　　　图 3-26　钢压子

3.鸭嘴

鸭嘴有大小之分,其主要用于小部位的抹灰、修理。如外窗台的两端头、双层窗的窗挡、线角喂灰等,见图3-27。

4.柳叶

柳叶用于微细部位的抹灰,及用工时间长而用灰量极小的工作,如堆塑花饰、攒线角等,见图3-28。

图 3-27　鸭嘴　　　　　　　　　　　图 3-28　柳叶

5.勾刀

勾刀是用于管道、暖气片背后用抹子抹不到而又能看到的部位抹灰的特殊工具,多为自制,可用带锯、圆锯片等制成,见图3-29。

6.塑料抹子

塑料抹子外形同普通抹子,可制成尖头或方头。一般尺寸比铁抹子大些,主要是抹纸筋等罩面时使用,见图3-30。

图 3-29　勾刀

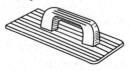

图 3-30　塑料抹子

7.塑料压子

塑料压子用于纸筋灰面层的压光,作用与钢压子相同,但在墙面稍干时用塑料压子压光,不会把墙压糊(变黑)。这一点优于钢压子,但弹性较差,不及钢压子灵活,见图3-31。

8.阴角抹子

阴角抹子是用于阴角部位压光的工具,见图3-32。

图 3-31　塑料压子

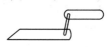

图 3-32　阴角抹子

9.阳角抹子

阳角抹子是用于大墙阳角、柱、窗口、门口、梁等处阳角捋直捋光的工具,见图3-33。

10.护角抹子

护角抹子是用于纸筋灰罩面时,捋门、窗口、柱的阳角部位水泥小圆角,及踏步防滑条、装饰线等的工具,见图3-34。

图 3-33　阳角抹子

图 3-34　护角抹子

11. 圆阴角抹子

圆阴角抹子俗称圆旮旯，是用于阴角处捋圆角的工具，见图3-35。

12. 划线抹子

划线抹子，也叫分格抹子、劈缝溜子，是用于水泥地面刻画分格缝的工具，见图3-36。

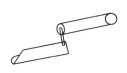

图3-35　圆阴角抹子

图3-36　划线抹子

13. 刨锛

刨锛是用于墙上堵脚手眼打砖、零星补砖、剔除结构中个别凸凹不平部位及清理的工具，见图3-37。

14. 錾子

錾子是剔除凸出部位的工具，见图3-38。

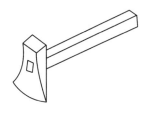

图3-37　刨锛

图3-38　錾子

15. 灰板

灰板在抹灰时用来托砂浆，分为塑料灰板和木质灰板，见图3-39。

16. 大杠

大杠是抹灰时用来刮平涂抹层的工具，依使用要求和部位不同，一般有1.2～4m多种长度；又依材质不同，有铝合金、塑料、木质和木质包铁皮等多种类型，见图3-40。

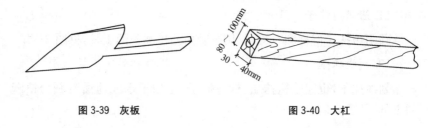

图 3-39　灰板　　　　　　　　　图 3-40　大杠

17. 托线板

托线板,俗称弹尺板、吊弹尺。主要是用来做灰饼时找垂直和用来检验墙、柱等表面垂直度的工具。一般尺寸为 1.5～2cm 厚、8～12cm 宽、1.5～3m 长(常用的为 2m)。也有特制的 60～120cm 的短小托线板,托线板的长度要依工作内容和部位来决定。一般工程上有时要用到多种长度不同的托线板,见图 3-41。

18. 靠尺

靠尺是抹灰时制作阳角和线角的工具。分为方靠尺(横截面为矩形)、一面八字靠尺和双面八字靠尺等类型。长度视木料和使用部位不同而定,见图 3-42。

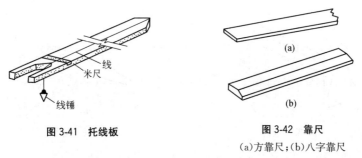

图 3-41　托线板　　　　　　图 3-42　靠尺

　　　　　　　　　　　　　　　(a)方靠尺;(b)八字靠尺

19. 卡子

卡子是用钢筋或有弹性的钢丝做成的工具,主要功能是固定靠尺,见图 3-43。

20. 方尺

方尺是测量阴阳角是否方正的量具,分为钢质、木质、塑料等多种类型。据使用部位不同尺寸也不同,见图 3-44。

图 3-43　卡子

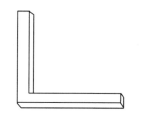

图 3-44　方尺

21.木模子

木模子是扯灰线的工具。一般是依设计图样,用 2cm 厚木板画线后,用线锯锯成形,经修理和包铁皮而成,见图 3-45。

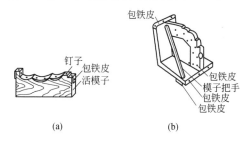

图 3-45　木模子

(a)活模;(b)死模

22.木抹子

木抹子是抹灰时,对抹灰层进行搓平的工具,有方头和尖头之分,见图 3-46。

23.木阴角抹子

木阴角抹子俗称木三角,是对抹灰时底子灰的阴角和面层搓麻面时阴角搓平、搓直的工具,见图 3-47。

图 3-46　木抹子

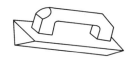

图 3-47　木阴角抹子

24.缺口木板

缺口木板是用于较高的墙面做灰饼时找垂直的工具。其由一对同刻度的木板与一个线坠配合工作,作用相当于托线板,见图 3-48。

25.米厘条

米厘条简称米条,为抹灰分格之用。其断面形状为梯形,断面尺寸依工程要求而各异。长度依木料情况不同而不等。使用时短的可以接长,长的可截短。使用前要提前泡透水,见图 3-49。

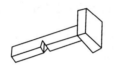

图 3-48　缺口木板　　　　　　　　图 3-49　米厘条

26.灰勺

灰勺是用于舀灰浆、砂浆的工具,见图 3-50。

27.墨斗

墨斗用于找规矩弹线,也可用粉线包代替,见图 3-51。

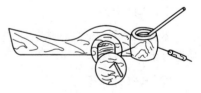

图 3-50　灰勺　　　　　　　　图 3-51　墨斗

28.剁斧

剁斧是用于斩剁假石的工具,见图 3-52。

29.刷子

刷子是用于抹灰中带水、水刷石清刷水泥浆、水泥砂浆面层扫纹等的工具,分为板刷、长毛刷、鸡腿刷和排刷等类型,见图 3-53。

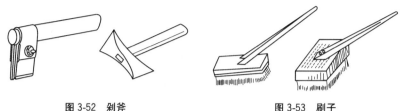

图 3-52　剁斧　　　　　　　　　图 3-53　刷子

30. 钢丝刷子

钢丝刷子是清刷基层及清理剁斧石、扒拉石等干燥后由于施工操作残留的浮尘而用的工具,见图 3-54。

31. 小炊把

小炊把是用于打毛、甩毛或拉毛的工具,可用毛竹劈细做成,也可以用草把、麻把代替,见图 3-55。

图 3-54　钢丝刷子　　　　　　图 3-55　小炊把

32. 金刚石

金刚石是用来磨平水磨石面层的工具,分人工用或机械用,按粗细粒度不同分为若干号,见图 3-56。

33. 滚子

滚子是用来滚压各种抹灰地面面层的工具,又称滚筒。经滚压后的地面可以增加密实度,也可把较干的灰浆辗压至表面出浆以便于面层平整和压光,见图 3-57。

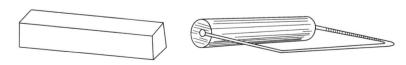

图 3-56　金刚石　　　　　　　图 3-57　滚子

34. 筛子

抹灰用的筛子按用途不同可分为大、中、小三种,按孔隙大小可分为 10mm 筛、8mm 筛、5mm 筛、3mm 筛等多种孔径筛,大筛子一般用于筛分砂子、豆石等,中、小筛子多为筛分干粘石等用,见图 3-58。

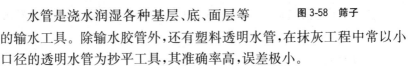

图 3-58　筛子

35. 水管

水管是浇水润湿各种基层、底、面层等的输水工具。除输水胶管外,还有塑料透明水管,在抹灰工程中常以小口径的透明水管为抄平工具,其准确率高,误差极小。

36. 其他工具

常用的运送灰浆的两轮、独轮小推车,大、小水桶,灰槽、灰锹、灰镐、灰耙及用于检查的水平尺、线坠等多种工具。由于在实际工作中都要用到,所以要一应齐备,不可缺少。

二、抹灰操作常用机械

1. 灰浆搅拌机

(1)构造与工作原理。

灰浆搅拌机是将砂、水、胶合材料(包括水泥、白灰等)均匀地搅拌成为灰浆的一种机械,在搅拌过程中,拌筒固定不动,而由旋转的条状拌叶对物料进行搅拌。

灰浆搅拌机按卸料方式的不同分为两种:一种是使拌筒倾翻、筒口倾斜出料的倾翻卸料灰浆搅拌机;另一种是拌筒不动,打开拌筒底侧出料的活门卸料灰浆搅拌机。

目前,工程中常使用的搅拌机有 100L、200L 与 325L(均为装料容量)规格的灰浆搅拌机。100L 与 200L 容量的多数为倾翻卸料式,325L 容量的多数为活门卸料式。根据不同的需要,灰浆搅拌机还可制成固定式与移动式两种形式。

常用的倾翻卸料灰浆搅拌机有 HJ1—200 型、HJ1—200A 型、HJ1—200B 型和活门卸料搅拌机 HJ1—325 型等(代号意义:H 表示灰浆;J 表示搅拌机;数字表示容量(L))。

图 3-59 所示为活门卸料灰浆搅拌机,由装料、水箱、搅拌和卸料等四部分系统组成。

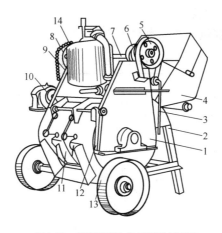

图 3-59　活门卸料灰浆搅拌机示意图

1—拌筒;2—机架;3—料斗升降手柄;4—进料斗;5—制动轮;
6—卷扬筒;7—制动带抱合轴;8—离合器;9—配水箱;
10—电动机;11—出料活门;12—卸料手柄;13—行走轮;14—被动链轮

其构造与操作原理:拌筒 1 装在机架 2 上,拌筒内沿纵向的中心线方向装一根轴,上面有若干拌叶,用以进行搅拌;机器上部装有虹吸式配水箱 9,可自动供拌和用水;装料由进料斗 4 进行。

装有拌叶的轴支承在拌筒两端的轴承中,并与减速箱输出轴相连接,由电动机 10 经 V 形带驱动搅拌轴旋转进行拌和。

卸料时,拉动卸料手柄 12 可使出料活门 11 开启,灰浆由此卸出,然后推压卸料手柄 12 便将出料活门 11 关闭。

进料斗的升降机构由制动带抱合轴 7、制动轮 5、卷扬筒 6、离合器 8 等组成,并由料斗升降手柄 3 操纵。

钢丝绳围绕在料斗边缘外侧,其两端分别卷绕在卷扬筒上。减速箱另一输出轴端安装主动链轮,传动被动链轮 14 而旋转,被动链轮同时又是离合器毂(其内部为内锥面)。

装料时,推压料斗升降手柄 3,使常闭式制动器上的制动带松开,而制动带抱合轴 7 与离合器 8 的毂接通使料斗上升。当放松手柄,制动轮被制动带抱合轴 7 抱合停止转动,进料斗 4 也停住不动进行装料。料斗下降时,轻提料斗升降手柄 3,制动带松开,料斗即下降。

(2)主要技术性能。

各种灰浆搅拌机主要技术性能见表 3-1。

表 3-1 各种灰浆搅拌机主要技术性能

技 术 规 格		类 型		
		HJ1−200	HJ1−200B	HJ1−325
工作容量	L	200	200	325
拌叶转数	r/min	25～30	34	32
搅拌时间	min/次	1.5～2	2	—
电动机 型号		JO$_2$−32−4	JO−42−4	JO−42−4
功率	kW	3	2.8	2.8
转速	r/min	1430	1440	1440
外形尺寸 (长×宽×高)	mm	2280×1100 ×1170	1620×850 ×1050	2700×1700 ×1350
质量	kg	600	560	760
生产率	m^2/h	—	3	6

(3)安全操作要点。

1)安装机械的地点应平整夯实,安装应平稳牢固。

2)行走轮要离开地面,机座应高出地面一定距离,便于出料。

3)开机前应对各种转动活动部位加注润滑剂,检查机械部件是否正常。

4)开机前应检查电气设备绝缘和接地是否良好,皮带轮的齿轮必须有防护罩。

5)开机后,先空载运行,待机械运转正常,再边加料边加水进行搅拌,所用砂子必须过筛。

6)加料时工具不能碰撞拌叶,更不能在转动时把工具伸进斗里扒浆。

7)工作后必须用水将机器清洗干净。

（4）灰浆搅拌机发生故障时，必须停机检验，不准带故障工作，故障排除方法见表3-2。

表 3-2　　　　　　　　　　　　灰浆搅拌机故障排除方法

故 障 现 象	原　　因	排 除 方 法
拌叶和筒壁摩擦碰撞	1. 拌叶和筒壁间隙过小； 2. 螺栓松动	1. 调整间隙； 2. 紧固螺栓
刮不净灰浆	拌叶与筒壁间隙过大	调整间隙
主轴转数不够或不转	带松弛	调整电动机底座螺栓
传动不平稳	1. 蜗轮、蜗杆或齿轮啮合间隙过大或过小； 2. 传动键松动； 3. 轴承磨损	1. 修换或调整中心距、垂直底与平行度； 2. 修换键； 3. 更换轴承
拌筒两侧轴孔漏浆	1. 密封盘根不紧； 2. 密封盘根失效	1. 压紧盘根； 2. 更换盘根
主轴承过热或有杂音	1. 渗入砂粒； 2. 发生干磨	1. 拆卸清洗并加满新油（脂）； 2. 补加润滑油（脂）
减速箱过热且有杂音	1. 齿轮（或蜗轮）啮合不良； 2. 齿轮损坏； 3. 发生干磨	1. 拆卸调整，必要时加垫或修换； 2. 修换； 3. 补加润滑油

2. 地坪抹光机

（1）构造与工作原理。

地坪抹光机也称地面收光机，是水泥砂浆铺摊在地面上，经过大面积刮平后，进行压平与抹光用的机械，图3-60为该机的外形示意图。它是由传动部分、抹刀及机架所组成。使用时，电动机3通过 V 带10驱动抹刀转子7，在转动的十字架底面上装有2～4片抹刀片6，抹刀倾斜方向与转子旋转方向一致，抹刀与地面成10°～15°倾角。

使用前，首先检查电动机旋转的方向是否正确。使用时，先握住操纵手柄，启动电动机，抹刀片随之旋转而进行水泥地面抹光工作。抹第一遍时，要求能起到抹平与出浆的作用，如有低凹不平处，应找补适量的砂浆，再抹第二遍、第三遍。

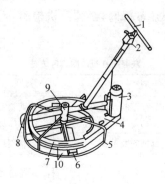

图 3-60　地坪抹光机示意图

1—操纵手柄；2—电气开关；3—电动机；4—防护罩；5—保护圈；
6—抹刀片；7—抹刀转子；8—配重；9—轴承架；10—V 带

(2)主要技术性能。

地坪抹光机主要技术性能见表 3-3。

表 3-3　　　　　　　　　　　地坪抹光机主要技术性能

型　号	69—1 型	HM—66
传动方式	V 带	V 带
抹刀片数	4	4
抹刀倾角	10°	0°～15°可调
抹刀转速	104r/min	50～100r/min
质量	46kg	80kg
动力	电动机 550W1400r/min	汽油机 H00301 型 3 马力 3000r/min
生产率	100～300m²/h（按抹一遍计）	320～450m²/台班
外形尺寸（长×宽×高）	105mm×70mm×85mm	220mm×98mm×82mm

(3)安全操作要点。

1)抹光机使用前,应先仔细检查电气开关和导线的绝缘情况。因为施工场地水多,地面潮湿,导线最好用绳子悬挂起来,不要随着机械的移动在地面上拖拉,以防止发生漏电,造成触电事故。

2)使用前应对机械部分进行检查,检查抹刀以及工作装置是否安装牢固,螺栓、螺母等是否拧紧,传动件是否灵活有效,同时还应充分进行润滑。在工作前应先试运转,待转速达到正常时再放落到工作部位。工作中发现零件有松动或声音不正常时,必须立即停机检查,以防发生机械损坏和伤人事故。

3)机械长时间工作后,如发生电动机或传动部位过热现象,必须停机冷却后再工作。操作抹光机时,应穿胶鞋、戴绝缘手套,以防触电。每班工作结束后,要切断电源,并将抹光机放到干燥处,防止电动机受潮。

3. 单盘磨石机

(1)磨石机构造与工作原理。

水磨石地面是在地面上浇筑带小石子的水泥砂浆,待其凝固并具有一定的强度之后,使用磨石机将地面磨光制成的。磨石机有单盘和双盘两种,图 3-61 所示为单盘磨石机。使用时,电动机 5 经过齿轮减速后带动磨石转盘旋转,转盘的转速约为 300r/min,在转盘底部装有 3 个磨石夹具 8,每个夹具夹有一块三角形的金刚砂磨石 7。转盘旋转时另有水管向地面喷水,保证磨石机在磨光过程中不致发热。这种磨石机每小时可磨地面 $3.5 \sim 4.5 \mathrm{m}^2$。

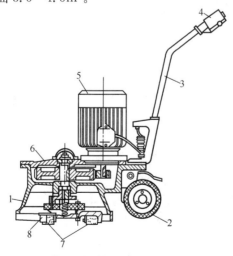

图 3-61　单盘磨石机示意图

1—磨盘外罩;2—移动滚轮;3—操纵杆;4—电气开关;

5—电动机;6—变速箱;7—金刚砂磨石;8—磨石夹具

使用时，先检查开关、导线的情况，保证安全可靠；检查磨石是否装牢，最好在夹爪（或螺栓顶尖）和磨石之间垫以木楔，不要直接硬卡，以免在运动中发生松动；注意润滑各部销轴，磨石机一般每隔200～400工作小时进行一级保养。在一级保养中，要拆检电动机、减速箱、磨石夹具以及行走机构和调节手轮等。拆检无误后须加注新的润滑油（脂），磨石装进夹具的深度不能小于15mm，减速箱的油封必须良好，否则应予更换。

（2）磨石机安全使用要点。

1）在磨石机工作前，应仔细检查其各机件的情况。

2）导线、开关等应绝缘良好，熔断丝规格适当。

3）导线应用绳子悬空吊起，不应放在地上，以免拖拉磨损，造成触电事故。

4）在工作前，应进行试运转，待运转正常后，才能开始正式工作。

5）操作人员工作时必须穿胶鞋、戴手套。

6）检查或修理时必须停机，电器的检查与修理由电工进行。

7）磨石机使用完毕，应清理干净，放置在干燥处，用方木垫平放稳，并用油布等遮盖物加以覆盖。

8）磨石机应有专人负责操作，其他人不准开动机器。

4. 其他小型机具

（1）纸筋灰搅拌机。

纸筋灰搅拌机如图3-62所示，由搅拌筒和小钢磨两部分组成。前者起粗拌作用，后者起细拌和磨细的作用，每台班产量为6m³。

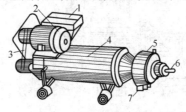

图 3-62　纸筋灰搅拌机示意图

1—进料口；2—电动机；3—皮带；4—搅拌筒；

5—小钢磨；6—调节螺栓；7—出料口

（2）喷浆机。

喷浆机分手压式和电动式两种。图3-63所示为手压式喷浆机,主要用于喷水和喷浆,如外墙面做水刷石时喷水,内墙大面积喷浆等。

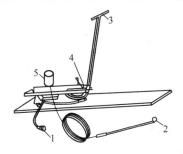

图3-63 喷浆机示意图

1—吸浆(水)管;2—喷枪头;3—摇把;4—活塞;5—稳压室

第三节 裱糊壁纸常用机械机具

一、裱糊壁纸常用工具

1.不锈钢或铝合金直尺

用于量尺寸和切割壁纸时压尺,尺的两侧均有刻度,长80cm,宽4cm,厚0.3～1cm。

2.刮板

用于刮、抹、压平壁纸,可用薄钢片自制,要求表面光洁,富有弹性,厚度以1～1.5mm为宜。

3.油漆铲刀

作清除墙面浮灰,嵌批、填平墙面凹陷部分用。

4.活动裁纸刀

刀片可伸缩多节,用钝后可截去,使用安全方便。

5.裱糊操作台案

裱糊操作台案见图3-64。

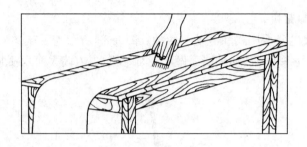

图 3-64　裱糊操作台案

二、裁装玻璃常用工具

1. 裁装玻璃常用工具

（1）玻璃刀。玻璃刀由金刚石刀头、金属刀板、刀板螺钉、铁梗、木柄组合而成,见图 3-65。玻璃刀主要用来裁割平板玻璃、单面磨砂玻璃和花玻璃等。玻璃规格的大小主要是以所配装金刚石的大小来划分的。其大小规格的排列,各制刀厂都有自己的编号。

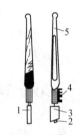

图 3-65　玻璃刀的形状及构造
1—刀板螺钉;2—金刚石刀头;
3—金属刀板;4—掰玻璃方口;
5—木柄

除此之外,还有裁割曲线用的特殊玻璃刀。有的玻璃刀在铜柄处安装掰玻璃用的缺口,可掰厚度 4mm 以内的平板玻璃。4 号以上玻璃刀用于裁割厚度 5～12mm 或者更厚的平板玻璃。

在正式裁割玻璃之前,应先试刀口。找准裁割玻璃的最佳位置,握刀手势要正确,使玻璃刀与玻璃平面的角度总是保持不变。一般听到轻微、连续均匀的"嘶、嘶"声,并且划出来的是一道白而细的不间断的直线,这说明已选到了最佳刃口。正确握刀手势的要求:右手虎口夹紧刀杆的上端,大拇指、食指和中指掐住刀杆中部,手腕要挺直灵活,手指捻转刀杆,使刀头的金属板不偏不倚地紧靠尺杆,裁割运动中,对正刀口,保持角度,运刀平稳,力度均匀,裁划后用刀板在刃线处的反面轻轻一敲,即会出现小的裂纹,用手指轻轻一掰即能掰下来。如果玻璃刀刃口没有找准,划出来的刃线粗白,甚至白线处还有玻璃细碴蹦起,则任凭怎样敲掰都无济于事,甚至玻璃会全部破碎。如果玻璃划成白口,千万不能在原线上重割,这样会严重损伤玻璃刀的刃口。如果是平板玻璃,可以翻过来在白口线的位置重割;如果是其他玻璃则不能翻过来重割,可在白线口处向左或右移动2~3mm,重新下刀裁割。在裁割较厚的玻璃时,可用毛笔在待裁割处涂一遍煤油,以增强裁割的效果。

(2)直尺、木折尺(用木料制成)。直尺按其大小及用途分为5mm×30mm(长度1m以内),专为裁划玻璃条用;5mm×40mm,专为裁划4~6mm厚玻璃用;12mm×12mm,专为裁划2~3mm厚玻璃用。

木折尺用来量取距离,一般使用1m长的木折尺。

(3)工作台。一般用木料制成,台面大小根据需要而定,有1m×1.5m、1.2m×1.5m或1.5m×2m几种。为了保持台面平整,台面板厚度不能薄于5cm。

裁划大块玻璃时要垫软的绒布,其厚度要求在3mm以上。

(4)木把铁锤。开玻璃箱用。

(5)铲刀,即油灰铲。清理灰土及抹油灰用。

(6)刨刀或油灰锤。安装玻璃时敲钉子和抹油灰用。

(7)钢丝钳。扳脱玻璃边口狭条用。

(8)毛笔。裁划5mm以上厚度的玻璃时抹煤油用。

(9)圆规刀。裁割圆形玻璃用,见图3-66。

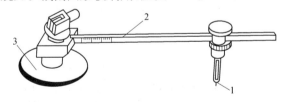

图3-66　圆规刀
1—金刚钻头;2—尺杆;3—底吸盘

(10)手动玻璃钻孔器和电动玻璃开槽机分别用于玻璃的钻孔和开槽。

此外,小型电动工具已普及,已经使用的有电动螺钉刀、电钻、打磨机、活塞式打钉机。钢化玻璃门和住宅用铝合金门窗的安装作业,还要使用线坠、水准仪、比例尺、角尺(曲尺)等测量器具和抹子、活动扳手、锉刀、杠杆式起钉器、油壶等。密封枪两种,一种为把嵌缝材料装入筒夹再装进去使用的轻便式,另一种将液体嵌缝材料填充到枪里使用。油灰、油性嵌缝材料、弹性密封材料等填充材料作业所采用的工具有密封枪、保护用的遮盖纸带、装修用的竹刀。

另外,随着平板玻璃的大型化,还开发了安装在叉车、起重机、提升机上联动使用的吸盘。

2. 玻璃施工手工工具

玻璃施工手工工具名称及用途见表3-4。

表3-4　　　　　　　　　　玻璃施工手工工具名称及用途

工 具 名 称	用 　 途
玻璃刀	用于平板玻璃的切割
木尺	切割平板玻璃时使用
刻度尺、卷尺、折尺、直尺、测定窗内净尺寸用的刻度尺、角尺(曲尺)、尺量规	施工中用于划分尺寸和切割玻璃时确定尺寸
腻子刀(油灰刀,又名刮刀,可分为大小号)	木门窗施工时填塞油灰用
螺钉刀(分为手动式和电动式两种)	固定螺钉的拧紧和卸下时使用,特别是铝合金窗的装配,采用电动式较好
钳子(端头部分是尖头和鸟嘴状)	主要用于5mm以上厚度玻璃的裁剪和推拉门滑轮的镶嵌
油灰锤	木门窗油灰施工时,敲入固定玻璃的三角钉时使用
挑腻刀	带油灰的玻璃修补时铲除油灰用
铁锤(有大圆形的和小圆形的(微型锤)两种)	大锤和一般锤的使用相同。小锤主要用于厚板切断时扩展"竖缝"用
装修施工锤(有合成橡胶、塑料、木制等几种)	铝合金窗部件等的安装和分解时使用
密封枪(嵌缝枪)(有把包装筒放进去用的和将嵌缝材料装进枪里用的两种)	大、小规模密封作业用
嵌锁条器	插入衬垫的卡条时使用
钳(剪钳)	切断沟槽、卷边、衬垫的卡条等时使用

第四章 涂裱工程常用材料

第一节 石灰、石膏

一、石灰

石灰是一种古老的建筑材料,其原料分布广泛,生产工艺简单,使用方便,成本低廉,属于量大面广的地方性建筑材料,目前广泛地应用于建筑工程中。

1. 石灰的制备

石灰分为生石灰和熟石灰。石灰岩经煅烧分解,放出二氧化碳气体,得到的产品即为生石灰。生石灰为块状物,使用时必须将其变成粉末状,一般常采用加水消解的方法。生石灰加水消解为熟石灰的过程称为石灰的消解或熟化过程,俗称淋灰,熟化后的石灰称为熟石灰,其成分以氢氧化钙为主。淋灰工作要在抹灰工程开工前进行完毕。淋灰要设淋灰池,见图 4-1,池的尺寸大小可依工程量的大小而定。

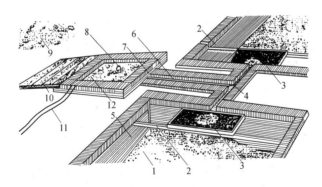

图 4-1 淋灰池

1—石灰膏;2—横木;3—孔径 3mm 的筛子;4—闸板;5—淋灰池;6—流灰沟;
7—1cm 筛孔灰箅子;8—灰镐;9—石灰;10—马道;11—水管;12—淋灰浅池

淋灰的方法:把生石灰放入浅池后,在生石灰上浇水,使之遇水后体积膨胀、放热、粉化,而后随着水量的增加,粉化后的石灰逐渐变为浆体。浆体通过人工或机械的动力经过箅子的初步过滤后流入灰道,再经过筛子流入淋灰池进一步熟化沉淀,水分不断蒸发和渗走,根据加水量的不同,石灰可被熟化成粉状的消石灰、浆状的石灰膏和液体状态的石灰乳。淋制好的石灰膏要求膏体洁白、细腻、不得有小颗粒,熟化时间不得少于 15d,时间越长则熟化越充分。

生石灰在熟化过程中会放出大量的热量,形成蒸汽,体积也将膨胀 1.5~2.0 倍。因此在淋灰时要严守操作规程,注意劳动保护。在估计熟石灰的储存器容积时,应充分考虑体积膨胀问题。

2. 石灰的陈伏

为保证石灰充分熟化,进一步消除过火石灰的危害,必须将石灰在淋灰池内放置两周以上,这一储存期在工程上常称为"陈伏"。

3. 石灰的硬化

石灰的硬化是氢氧化钙的结晶与碳化同时进行的过程。

(1)结晶,是指石灰浆中的水分在逐渐蒸发,或被砌体吸收后,氢氧化钙从饱和溶液中析出,形成结晶。

(2)碳化,是指氢氧化钙吸收空气中的二氧化碳,生成不溶解于水的碳酸钙结晶,析出水分并被蒸发。空气中二氧化碳的含量很低,约为空气体积的万分之三,石灰的碳化作用也只发生在与空气接触的表面,表面碳化后生成的碳酸钙薄膜阻止二氧化碳向石灰内部继续渗透,同时也影响石灰内部水分的蒸发,所以石灰的碳化过程十分缓慢。而氢氧化钙的结晶作用则主要是在内部发生,其过程也比碳化过程快得多。因此石灰浆体硬化后,是由表里不同的两种晶体组成的,氢氧化钙结晶连生体与碳酸钙结晶互相交织,使石灰浆体在硬化后具有强度。

石灰浆在干燥后,由于水分大量蒸发,将发生很大的体积收缩,引起开裂,因此一般不单独使用净浆,常掺加填充或增强材料,如与砂、纸筋、麻刀等混合使用,可减少收缩、节约石灰用量;加入少量水泥、石膏则有利于石灰的硬化。

二、磨细生石灰粉

磨细生石灰粉,是用生石灰经磨细而成。它的用法与石灰膏基本相同。但因没有经过熟化,所以在拌制成灰浆或砂浆后的硬化过程中有消解和凝固两个步骤,由原来的分离而变为合二为一。所以大大提高了凝结速度,节省了硬化时间;并且在硬化过程中产生热量,温度升高,所以可在低温条件下施工,减少了原来在低温条件下施工加热砂浆的麻烦。

另外磨细生石灰粉呈粉状,施工后不会产生因石灰颗粒熟化不充分而在墙面上膨胀的现象。磨细生石灰粉为袋装,如果是在冬期施工使用,保存时一定要保持干燥、不受潮,以免消解过程提前进行,而使砂浆产生的热量降低或消失。

三、建筑石膏

石膏是一种具有很多优良性能的气硬性无机胶凝材料,是建材工业中广泛使用的材料之一,其资源丰富,生产工艺简单。石膏的主要生产工序是加热煅烧和磨细,随加热煅烧温度与条件的不同,所得到的产品也不同,通常可制成建筑石膏和高强石膏等,在建筑上使用最多的是建筑石膏。

(1)建筑石膏也称熟石膏。使用时,建筑石膏加水后成为可塑性浆体,但很快就失去塑性,以后又逐步形成坚硬的固体。

(2)建筑石膏的凝结硬化速度很快,工程中使用石膏,可得到省工时、加快模具周转的良好效果。

(3)石膏在硬化时体积略有膨胀,不易产生裂纹,利用这一特性可制得形状复杂、表面光洁的石膏制品,如各种石膏雕塑、石膏饰面板及石膏装饰件等。

(4)石膏完全水化所需要的用水量仅占石膏质量的 18.6%,为使石膏具有良好的可塑性,实际使用时的加水量常为石膏质量的 60%~80%。在多余的水蒸发后,石膏中留下了许多孔隙,这些孔隙使石膏制品具有多孔性。另外,在石膏中加入泡沫剂或加气剂,均可制得多孔石膏制品。多孔石膏制品具有表观密度小、保温隔热及吸声效果好的特性。

(5)石膏制品具有较好的防火性能。遇火时硬化后的制品因结晶水的蒸发而吸收热量,从而可阻止火焰蔓延,起到防火作用。

(6)石膏容易着色,其制品具有较好的加工性能,这些都是工程上的可贵特性。

石膏的缺点是吸水性强,耐水性差。石膏制品吸水后强度显著下降并变形翘曲,若吸水后受冻,则制品更易被破坏。建筑石膏在储存、运输及施工中要严格注意防潮、防水,并应注意储存期不宜过长。

四、水玻璃

水玻璃又称泡花碱,是一种性能优良的矿物胶,它能够溶解于水,并能在空气中凝结硬化,具有不燃、不朽、耐酸等多种性能。

建筑使用的水玻璃,通常是硅酸钠的水溶液。

(1)水玻璃能在空气中与二氧化碳反应生成硅胶,由于硅胶脱水析出固态的二氧化硅而硬化。这一硬化过程进行缓慢,为加速其凝结硬化,常掺入适量的促硬剂——氟硅酸钠,以加快二氧化硅凝胶的析出,并增加制品的耐水效力。氟硅酸钠的适宜掺量为水玻璃质量的12%~15%。因氟硅酸纳具有毒性,操作时应注意劳动保护。

(2)凝结硬化后的水玻璃具有很高的耐酸性能,工程上常以水玻璃为胶结材料,加耐酸骨料配制耐酸砂浆、耐酸混凝土。

(3)由于水玻璃的耐火性良好,因此常用作防火涂层、耐热砂浆和耐火混凝土的胶结料。

(4)将水玻璃溶液涂刷或浸渍在含有石灰质材料的表面,能够提高材料表层的密实度,加强其抗风化能力。若把水玻璃溶液与氯化钙溶液交替灌入土壤内,则可加固建筑地基。

(5)水玻璃混合料是气硬性材料,因此养护环境应保持干燥,存储中应注意防潮、防水,不得长期露天存放。

第二节 抹灰砂浆

一、抹灰砂浆及要求

1. 一般抹灰砂浆

一般抹灰砂浆按照其组成材料不同,可分为以下几种。

(1)水泥砂浆。由水泥和砂按一定配合比例,再加少许水混合而成。根据需要也可掺少量外加剂,如消泡剂、减水剂等。

（2）水泥混合砂浆。由水泥、石灰膏和砂按一定配合比例混合而成。有时也掺少量外加剂,如减水剂、早强剂等。

（3）石灰砂浆。由石灰和砂按一定配合比例混合而成。

（4）石膏灰。以石灰膏为主,再加少量石膏混合而成。用于高级抹灰,如顶棚抹灰等。

（5）纸筋灰。在石灰膏中加入一定量纸筋混合而成。纸筋可以提高石灰膏的抗裂性。

（6）聚合物水泥砂浆。在水泥砂浆中掺入水泥质量10％～20％的108胶,以提高砂浆的黏结性。

一般抹灰砂浆可按表4-1参考选用。

表4-1　　　　　　　　　　一般抹灰砂浆的选用

工程对象及基层种类	砂浆名称
外墙、门窗洞口的外侧壁、屋檐、勒脚、压檐墙	水泥砂浆或混合砂浆
温度较高的车间和房间、地下室等	水泥砂浆或混合砂浆
混凝土板和墙的底层	混合砂浆或水泥砂浆
硅酸盐砌块的底层	混合砂浆
板条、金属网顶棚和墙的底层和中层	麻刀石灰砂浆或纸筋石灰浆
加气混凝土块和板的底层	混合砂浆或聚合物水泥砂浆

2.装饰抹灰砂浆

装饰抹灰砂浆是用于室内外装饰,以增加建筑物美感为主要目的的砂浆,应具有特殊的表面形式和不同的色彩与质感。

装饰抹灰砂浆以普通水泥、白水泥、石灰、石膏等为胶凝材料,以白色、浅色或彩色的天然砂、大理石及花岗岩的石屑或特殊塑料色粒为骨料,还可用矿物颜料调制成多种颜色。

装饰抹灰表面可进行各种艺术处理,创造多种样式,以达到不同的建筑艺术效果,如制成水刷石、干粘石、斩假石及假面砖等。

（1）水刷石。水刷石是一种传统的装饰抹灰,它是以较小的大理石碴、水泥与水拌和,抹在事先做好并硬化的底层上,压实赶平,在水泥接近凝结前,用毛刷蘸水或用喷雾器喷水,使表面石碴外露而形成的饰面。石碴可用单色或花色普通石碴,也可用美术石碴;水泥可用普通颜色,也可用白水泥加入矿物颜料。当采用小八厘石碴时,水泥∶石碴＝1∶1.5;用中八厘石碴时,水泥∶石碴＝1∶1.25。

大墙面使用水刷石,往往以分格分色来取得艺术效果,也可用于檐口、腰线、门窗套、柱面等部位。水刷石应用较广,但操作技术难度较高。

(2)干粘石。它是对水刷石做法的改进,一般采用小八厘石碴略掺石屑,在刚抹好的水泥砂浆面层上,用手工甩抛并及时拍入而得到的石碴类饰面。为提高效率,用喷涂机代替手工作业,每小时可喷出石碴$12\sim15m^3$,即所谓喷粘石。

干粘石可使用于不易碰撞的墙面。这种抹灰方法操作简单、饰面效果好、造价不高,是一种应用广泛的装饰抹灰。

(3)斩假石。又称剁斧石。多采用细石碴内掺3%的石屑,加水拌和后抹在已做好的底层上,压实赶平,养护硬化后用石斧斩琢而得到人造石材状的表面。

斩假石按表面形状可分为平面斩假石、线条斩假石、花饰斩假石三种,它常用于公共建筑的外墙、园林建筑等处,是一种装饰效果极佳的装饰抹灰。

(4)假面砖。假面砖抹灰是使用彩色砂浆仿釉面砖效果的一种装饰抹灰。这种抹灰造价低、操作简便、效果好,在抹灰施工中被广泛应用。

3.保温砂浆

保温砂浆是以水泥、石灰膏等为胶结材料,用膨胀珍珠岩、膨胀蛭石作为骨料加水按一定比例配合调制而成的。它不但具有保温、隔热和吸声性能,还具有无毒、无臭、不燃烧等特性。

保温砂浆宜用普通硅酸盐水泥制成。膨胀珍珠岩砂浆的体积配合比为石灰膏∶珍珠岩＝1∶(4～5),水泥∶珍珠岩＝1∶3。膨胀蛭石砂浆的体积配合比为石灰膏∶蛭石＝1∶(2.5～4),水泥∶蛭石＝1∶(4～8)。砂浆稠度应以外观疏松、手握成团不散、挤不出或仅能挤出少量灰浆为度,虚铺厚度,约为设计厚度的130%,然后轻压至要求厚度。

做好的保温层平面,应以 1:3 水泥砂浆找平。

4.防水砂浆

防水砂浆是在水泥砂浆中掺入防水剂配制成的特种砂浆。防水剂是由化学原料配制而成的一种速凝和提高水泥砂浆不透水性的外加剂。按化学成分归纳为三类:氯化物金属盐类、硅酸钠类及金属皂类。

常用的防水剂品种、性能、用途如下。

(1)防水浆。是混凝土的掺和料,有速凝、密实、防水、抗渗、抗冻等性能,所配制的防水砂浆,可用于地下室、水池、水塔等工程的防水。

(2)避水浆。是几种金属皂配制而成的乳白色浆状液体。掺入水泥后能与水泥生成不溶性物质,可填充堵塞微孔,提高水泥砂浆或混凝土不透水性。适用于屋面、地下室、水池、水塔等防水、防潮抹面。

(3)防水粉。由氢氧化钙、硫酸钙、硬脂酸铝等组成。掺入水泥后能与水泥混合凝结,坚韧而有弹性,可起到填充微小空隙和堵塞封闭混凝土毛细孔的作用。适用于屋面、地下室、水塔、水池等防水工程。

(4)氯化铁防水剂。是以氯化铁为主要成分的防水剂,其中还含有少量的氯化钙、氯化铝等。掺入到水泥砂浆或混凝土中能提高防水抗渗能力,增加密实度。适用于地下室、水池、水塔、设备基础等防水抹面。

5.耐酸胶泥与耐酸砂浆

常用的耐酸胶泥和耐酸砂浆是以水玻璃为胶黏剂,氟硅酸钠为固化剂,以耐酸料(石英料、辉绿岩粉、瓷粉等)为填充料,耐酸砂(石英砂)为细骨料,根据设计要求并经试验确定的配合比配制而成的。其特点是耐酸性能好,常温下对稀硫酸、稀盐酸、稀硝酸、醋酸、蚁酸等有耐腐蚀能力。适用于工业厂房中耐酸、防腐车间和化学实验室的地面和墙裙等。

耐酸胶泥的配合比一般为耐酸粉:氟硅酸钠:水玻璃＝100:(5.5～6):(37～40)(质量比)。耐酸砂浆的配合比一般为耐酸粉:耐酸砂:氟硅酸钠:水玻璃＝100:250:11:74(质量比)。

6.聚合物砂浆

水泥砂浆的拌和物中加入聚合物乳液后,均称为聚合物水泥砂浆。目前常采用的聚合物:聚乙烯醇缩甲醛(简称 108 胶)、聚醋酸乙烯乳液、不饱和聚酯(双酚 A 型)、环氧树脂等。

聚合物水泥砂浆在硬化过程中,聚合物与水泥之间不发生化学反应,水泥水化物被乳液微粒包裹,成为互相填充的结构。聚合物水泥砂浆的黏结力较强,同时,其耐蚀、耐磨、抗渗等性能均高于一般的水泥砂浆。

目前,聚合物砂浆主要用来提高装饰砂浆的黏结力,填补钢筋混凝土构件的裂缝,抹耐磨及耐侵蚀的面层等。

二、砂浆配合比及其制备

1. 抹灰砂浆的性能

抹灰砂浆以薄层抹于建筑表面,其作用是保护墙体不受风、雨、潮气等侵蚀,提高墙体防潮、防风化、防腐蚀的能力,增加墙体的耐火性和整体性,同时使墙面平整、光滑、清洁美观。

为了便于施工,保证抹灰的质量,要求抹灰砂浆比砌筑砂浆有更好的和易性,同时,还要求能与底面很好的黏结。

抹灰砂浆一般用于粗糙和多孔的底面,其水分易被底面吸收,因此抹面时除将底面基层湿润外,还要求抹面砂浆必须具有良好的保水性,组成材料中的胶凝材料和掺和料更比砌筑砂浆多。

对砌筑砂浆的要求主要是强度,而对抹灰砂浆的要求主要是与底面材料的黏结力。所以,对砌筑砂浆就如混凝土一样,用质量配合比控制,对抹灰砂浆则既可用质量比,也可用体积比来控制,为提高黏结力,需多用些胶凝材料。

为保证抹灰表面平整,避免出现裂缝、脱落,抹灰砂浆常分底、中、面三层,各层抹灰要求不同,所用砂浆的成分和稠度也不相同。

底层砂浆主要起与基层黏结的作用。用于砖墙底层抹灰,多用石灰砂浆,有防水、防潮要求时用水泥砂浆;用于板条或板条顶棚的底层抹灰,多用混合砂浆或石灰砂浆;混凝土墙、梁、柱、顶板等底层抹灰,多用混合砂浆。

中层砂浆主要起找平作用,用于中层抹灰,多用混合砂浆或石灰砂浆。

面层砂浆主要起装饰作用,多采用细砂配制的混合砂浆、麻刀石灰浆或纸筋石灰浆。

在容易碰撞或潮湿的地方应采用水泥砂浆,可用1∶2.5水泥砂浆。

2.砂浆配合比

(1)抹面砂浆的流动性和骨料的最大粒径可参考表 4-2。

表 4-2 抹面砂浆流动性及骨料最大粒径

抹面层名称	沉入度(人工抹面)/cm	砂的最大粒径/mm
底层	10~12	2.6
中层	7~9	2.6
面层	7~8	1.2

(2)砂浆的材料配合比应用质量比。常用砂浆配合比(1m³ 砂浆的组成材料用量)可参照表 4-3～表 4-7。

表 4-3 水泥砂浆、素水泥浆配合比

材 料	单 位	水泥砂浆					素水泥浆
		1∶1	1∶1.5	1∶2	1∶2.5	1∶3	
32.5 级水泥	kg	765	644	557	490	408	1517
砂	m³	0.64	0.81	0.94	1.03	1.03	—
水	m³	0.30	0.30	0.30	0.30	0.30	0.52

表 4-4 水泥混合砂浆配合比

水泥混合砂浆	材 料			
	32.5 级水泥/kg	石灰膏/m³	粗砂/m³	水/m³
0.5∶1∶3	185	0.31	0.94	0.60
1∶3∶9	130	0.32	0.99	0.60
1∶2∶1	340	0.56	0.29	0.60
1∶0.5∶4	306	0.13	1.03	0.60
1∶1∶2	382	0.32	0.64	0.60
1∶1∶6	204	0.17	1.03	0.60
1∶0.5∶1	583	0.24	0.49	0.60
1∶0.5∶3	371	0.15	0.94	0.60
1∶1∶4	278	0.23	0.94	0.60
1∶0.5∶2	453	0.19	0.76	0.60
1∶0.2∶2	510	0.08	0.86	0.60

表 4-5 石灰砂浆、水泥石子浆配合比

材　料	单　位	石 灰 砂 浆		水 泥 石 子 浆			
		1:2.5	1:3	1:1.5	1:2	1:2.5	1:3
32.5级水泥	kg	—	—	945	709	567	473
色石碴	kg	—	—	1189	1376	1519	1600
石灰膏	m³	0.40	0.36	—	—	—	—
砂	m³	1.03	1.03	—	—	—	—
水	m³	0.60	0.60	0.30	0.30	0.30	0.30

表 4-6 纸筋、麻刀石灰浆配合比

材　料	单　位	纸筋石灰浆	麻刀石灰浆	麻刀石灰砂浆
				1:3
石灰膏	m³	1.01	1.01	0.34
纸筋	kg	48.60	—	—
麻刀	kg	—	12.12	16.60
砂	m³	—	—	1.03
水	m³	0.50	0.50	0.60

(3)各种抹面砂浆配合比和应用范围见表4-7。

表 4-7 各种抹面砂浆配合比和应用范围

材　料	配合比(体积比)	应 用 范 围
石灰:砂	1:2~1:4	用于砖石墙表面(檐口、勒角、女儿墙以及潮湿房间的墙除外)
石灰:黏土:砂	1:1:4~1:1:8	干燥环境的墙表面
石灰:石膏:砂	1:0.4:2~1:1:3	用于不潮湿房间木质地面
石灰:石膏:砂	1:0.6:2~1:1.5:3	用于不潮湿房间的墙及天花板
石灰:石膏:砂	1:2:2~1:2:4	用于不潮湿房间的线脚及其他修饰工程
石灰:水泥:砂	1:0.5:4.5~1:1:5	用于檐口、勒脚、女儿墙、外墙以及比较潮湿的地方

材　　料	配合比(体积比)	应　用　范　围
水泥∶砂	1∶3～1∶2.5	用于浴室、潮湿房间等的墙裙、勒脚等或地面基层
水泥∶砂	1∶2～1∶1.5	用于地面、天棚或墙面面层
水泥∶砂	1∶0.5～1∶1	用于混凝土地面随时压光

3.砂浆制备

(1)砂浆制备。抹灰砂浆宜用机械搅拌,当砂浆用量很少且缺少机械时,才允许人工拌和。

采用砂浆搅拌机搅拌抹灰砂浆时,每次搅拌时间为 1.5～2min。搅拌水泥混合砂浆,应先将水泥与砂干拌均匀后,再加石灰膏和水搅拌至均匀为止。搅拌水泥砂浆(或水泥石子浆),应先将水泥与砂(或石子)干拌均匀后,再加水搅拌至均匀为止。

采用麻刀灰拌和机搅拌纸筋石灰浆和麻刀石灰浆时,将石灰膏加入搅拌筒内,边加水边搅拌,同时将纸筋或麻刀分散均匀地投入搅拌筒,直到拌匀为止。

人工拌和抹灰砂浆,应在平整的水泥地面上或铺地钢板上进行,使用工具有铁锨、拉耙等。拌和水泥混合砂浆时,应将水泥和砂干拌均匀,堆成中间凹四周高的砂堆,再在中间凹处放入石灰膏,边加水边拌和至均匀。拌和水泥砂浆(或水泥石子浆)时,应将水泥和砂(或石子)干拌均匀,再边加水边拌和至均匀。

(2)砂浆稠度。拌成后的抹灰砂浆,颜色应均匀、干湿应一致,砂浆的稠度应达到规定的稠度值。

砂浆稠度测定方法:将砂浆盛入桶内,用一个标准圆锥体(重300g),先使其锥尖接触砂浆面,垂直提好,再突然放手,使圆锥体沉入砂浆中,10秒后,圆锥体沉入砂浆中的深度(mm)即为砂浆稠度。常用抹灰砂浆稠度为60～100mm。

第三节 常用涂料

一、涂料的分类及选用原则

(一)建筑涂料的分类

我国建筑涂料习惯上用 3 种方法进行分类:按照涂料采用基料的种类分为有机涂料、无机涂料和有机无机复合涂料;从涂料成膜后的厚度和质地上可分为平面涂料(深层表面平整光滑)、彩砂涂料(深层表面呈砂粒状)、复层涂料(也称浮膜涂料);从在建筑上的使用部位可分为外墙涂料、内墙涂料、顶棚涂料和地面涂料等。

(二)建筑涂料的选用原则

建筑涂料品种繁多,而建筑物的建筑模式、建筑风格、装饰档次及要求等各异,涂饰时的环境条件也是千差万别,如何正确选用建筑涂料,建议从以下几个方面进行综合考虑。

1. 环境安全原则

建筑涂料直接关系到人类的健康和生存环境,选材时首先应根据使用部位、环境,选用无毒、无害的水性类或乳液型、溶剂型、中低 VOC 环保型和低毒型涂料。涂料中的有害物质的含量必须完全低于国家标准的限量。

2. 质量功能的优良原则

我国目前的建筑涂料产品标准(国标与行标)和检验标准,基本上覆盖了目前市场上的各类常用建筑涂料产品,可使设计施工选用"有章可循"。但是国家标准是最低要求的指标,因此,在设计、施工中选用时,还应考虑符合地方标准,同时应该按照不同档次建筑装饰及使用者要求,选用性能、品质优良,功能完全,材料产品、使用技术配套的品牌,以保证满足工程、设计和房屋使用者的最大需求,有利于提高工程质量与装饰效果。

3. 环境条例原则

根据建筑物实地施工环境,被涂饰的部位、基层材质、表面状况等具体条件,考虑实现施工的可能性。选用具有最适合施工性能、涂饰方法的产品,并确定其最佳的涂饰工序与工艺。

4.技术经济效益原则

考虑装饰工程投资预算的可能性,按照产品品质,同类产品在市场中技术质量先进性、价格合理性,选用质价比最佳的品牌。

建筑涂料分类、主要品种及适用范围见表4-8。

表4-8　　　　　　　　　建筑涂料分类、主要品种及其适用范围

建筑涂料种类		建筑物部位	室外屋面	室外墙面	室外地面	室内墙面	室内顶棚	室内地面	厂房内墙面	厂房内地面
有机涂料	水溶性	聚乙烯醇类建筑涂料		×		○			○	
		耐擦洗仿瓷涂料				○	○		○	
	乳液型	丙烯酸酯乳液涂料	○	√		○	○	○	○	
		苯乙烯-丙烯酸酯共聚乳液(苯丙)涂料	○	√		○				
有机涂料	乳液型	醋酸乙烯-丙烯酸酯共聚乳液(乙丙)涂料				○	√	○	○	
		氧乙烯-偏氯乙烯共聚乳液(氯偏)涂料				○				
		环氧树脂乳液涂料				√	○	○	○	
		硅橡胶乳液涂料								
	溶剂型	丙烯酸酯类溶剂型涂料		√					√	
		聚氨酯丙烯酸复合型涂料		√					○	
		聚酯丙烯酸酯复合型涂料		√					○	
		有机硅丙烯酸酯复合型涂料		√					√	
		聚氨酯类溶剂型涂料	√	√	√			√	○	√
		聚氨酯环氧树脂复合型涂料		√				○		√
		过氯乙烯溶剂型涂料		○					○	√
		氯化橡胶建筑涂料								√
无机涂料	水溶性	无机硅酸盐(水玻璃)类涂料		○		○	○		×	
		硅溶胶类建筑涂料		○		○	○		○	
		聚合物水泥类涂料		○	○					
		粉刷石膏抹面材料				○				

续表

建筑涂料种类＼建筑物部位		室外屋面	室外墙面	室外地面	室内墙面	室内顶棚	室内地面	厂房内墙面	厂房内地面
有机-无机复合涂料	(丙烯酸酯乳液＋硅溶胶)复合涂料		√						
	(苯丙乳液＋硅溶胶)复合涂料		√						
	(丙烯酸乳液＋环氧树脂乳液＋硅溶胶)复合涂料								

注:√—优选型;○—可以选用;×—不能选用。

二、常用清漆

1.酯胶清漆

它是由干性油和甘油松香加热熬炼后,加入 200 号溶剂汽油或松节油调配制成的中、长油度清漆,其漆膜光亮、耐水性较好,但次于酚醛清漆,有一定的耐候性,适用于普通家具罩光。

2.酚醛清漆

它是由松香改性酚醛树脂与干性油熬炼,加催干剂和 200 号溶剂汽油或松节油作溶剂制成的长油度清漆。其耐水性比酯胶清漆好,但容易泛黄,主要适用于普通、中级家具罩光和色漆表面罩光。

3.醇酸清漆

它是由干性油改性的中油度醇酸树脂溶于松节油或 200 号溶剂、汽油与二甲苯的混合溶剂中,并加适量催干剂制成。其附着力、耐久性比酯胶清漆和酚醛清漆都好,能自干,耐水性次于酚醛清漆,适用于室内外木器表面和作醇酸磁漆表面罩光用。

4.过氯乙烯清漆

它是由过氯乙烯树脂与氯族苯等增韧剂和酯、酮、苯类溶剂制成。其干燥快、颜色浅、耐酸碱盐性能好,但附着力差,适用于化工设备管道表面防腐及木材表面防火、防腐、防霉。

5.过氯乙烯木器清漆

它由过氯乙烯树脂、松香改性酚醛树脂、蓖麻油松香改性醇酸树脂等分别加入增韧剂、稳定剂和酯、酮、苯类溶剂制成。其干燥较快,耐火,保光性好,漆膜较硬,可打蜡抛光,耐寒性也较好,供木器表面涂刷用。

6.硝基木器清漆

它由硝化棉、醇酸树脂、改性松香、增韧剂和酯、酮、醇、苯类溶剂组成。漆膜具有很好的光泽,可用砂蜡、光蜡抛光,但耐候性较差,适用于中、高级木器表面,木质缝纫机台板,电视机,收音机等木壳表面涂饰。

7.硝基内用清漆

它由低黏度硝化棉、甘油、松香酯、不干性醇酸、树脂、增韧剂和酯、醇、苯类溶剂等组成。漆膜干燥快,有较好的光泽,但户外耐久性差,适用于室内木器涂饰,也可供硝基内用磁漆罩光。由于有较多的甘油、松香、树脂,所以不宜打蜡抛光,适宜做理光工艺。

8.丙烯酸木器漆

它的主要成膜物质是甲基丙烯酸不饱和聚酯和甲基丙烯酸酯改性醇酸树脂,使用时按规定比例混合,可在常温下固化,漆膜丰满,光泽好,经打蜡抛光后,漆膜平滑如镜,经久不变。漆膜坚硬,附着力强,耐候性好,固体含量高,适用于中、高级木器涂饰。

9.聚氨酯清漆

它有甲、乙两个组分。甲组分由羟基聚酯和甲苯二异氰酸酯的预聚物组成。乙组分是由精制蓖麻油、甘油松香与邻苯二甲酸酐缩聚而成的羟基树脂。其附着力强,坚硬耐磨,耐酸碱性和耐水性好,漆膜丰满、平滑光亮,适用于木器家具、地板、甲板等涂饰。

三、常用色漆

1.各色油性调和漆

它由干性油、体质颜料经研磨后加催干剂、200 号溶剂汽油或松节油制成。比酯胶调和漆耐候性好,但干燥慢、漆膜较软,适用于室内外木材、金属和建筑物等表面涂饰。

2.各色酚醛调和漆

它由长油度松香改性酚醛树脂与着色颜料、体质颜料经研磨后,加催干剂、200 号溶剂汽油制成。漆膜光亮、色泽鲜艳,适用于室内外一般金属和木质物体等的不透明涂饰。

3. 各色酚醛地板漆

它由中油度酚醛漆料、铁红等着色颜料、体质颜料经研磨,加催干剂、200 号溶剂汽油等制成。漆膜坚韧、平整光亮,耐水、耐磨性好,适用于木质地板或钢质甲板涂饰。

4. 各色醇酸磁漆

它由中油度醇酸树脂、颜料、催干剂、有机溶剂制成。漆膜平整、光亮、坚韧,机械强度和光泽度好,保光保色,耐候性优于酚醛磁漆,耐水性次于酚醛清漆,适用于室内各种木器涂饰。

5. 各色过氯乙烯磁漆

它由过氯乙烯树脂、醇酸树脂、颜料、增韧剂和酯、酮、苯类溶剂制成。其干燥较快,漆膜光亮,色泽鲜艳,能打磨,耐候性好,适用于航空机械、金属、织物及木器表面涂饰。

6. 各色过氯乙烯防腐漆

它由过氯乙烯树脂、醇酸树脂、颜料、增韧剂和酯、酮、苯类溶剂制成,具有优良的耐酸、耐碱、耐化学腐蚀性。其常用于化工机械、管道、建筑五金、木材及混凝土构件表面的涂饰,以防止酸、碱等化学物质及有害气体的侵蚀。

7. 各色丙烯酸磁漆

它由甲基丙烯酸酯、甲基丙烯酸、丙烯酸共聚树脂等分别加入颜料、氨基树脂、增韧剂和酯、酮、醇、苯类溶剂制成,具有良好的耐水、耐油、耐光、耐热等性能,可在 150℃ 左右长期使用,供轻金属表面涂饰。

8. 各色环氧磁漆

它由环氧树脂色浆与乙二胺(或乙二胺加成物)双组分按比例混合而成。其附着力、耐油、耐碱、抗潮性能很好,适用于大型化工设备、贮槽、贮管、管道内外壁涂饰,也可用于混凝土表面。

四、常用水溶性涂料

1. 乳胶漆

乳胶漆也称乳胶涂料，是一种浆状的新型涂料。它是由合成树脂乳液加入颜料、填充料以及保护胶体、增塑剂、润湿剂、防冻剂、消泡剂、防霉剂等辅助材料，经过研磨或分散处理后制成的涂料。

(1)合成树脂乳胶漆特点。

1)乳胶漆以水作为分散介质，完全不用油脂和有机溶剂，调制方便，不污染空气，不危害人体。

2)涂膜透气性好。它的涂膜是气空式的，内部水分容易蒸发，因而可以在含水率15％的墙面上施工。

3)涂层结膜迅速。在常温下(25℃左右)30min内表面即可干燥，120min内可完全干燥成膜。

4)涂膜平整，色彩明快而柔和，附着力强，耐水、耐碱、耐候性良好。

5)施工方便，涂刷性好，施工时可以采用刷涂、滚涂、喷涂等方法。

由于乳胶漆具有以上的优良性能，因而非常适宜作内墙面装饰涂料，其装饰效果可以与无光油漆相媲美。

(2)乳胶漆的品种。

乳胶漆有醋酸乙烯乳胶漆、苯丙乳胶漆、乙丙乳胶漆、丙烯酸酯乳胶漆等。

1)醋酸乙烯乳胶漆。醋酸乙烯乳胶漆是由醋酸乙烯共聚乳液加入颜料、填充料及各种助剂，经过研磨或分散处理而制成的一种乳液涂料。醋酸乙烯乳胶漆以水作分散介质，无毒，无臭味，不燃。涂料体质细腻，涂膜细洁、平滑、无光，色彩鲜艳，有良好的装饰效果。涂膜透气性好，可以在含水率为8％以下的潮湿墙面上施工，不易产生气泡。施工可采用刷涂、滚涂等方法，施工工具容易清洗，适宜用作内墙面涂饰。

2)苯丙乳胶漆。苯丙乳胶漆种类有 SB12—31 苯丙有光乳胶漆、SB12—71 苯丙无光乳胶漆等。

SB12—31 苯丙乳胶漆是由苯乙烯酸酯共聚的乳液为基料，以水作稀释剂，加入颜料及各种助剂分散而成的一种水性涂料。它以水作分散介质,具有干燥快、无毒、不燃等优点,施工方便,可采用刷涂、滚涂、喷涂等方法进行操作。漆膜附着力、耐候性、耐水性、耐碱性均好,且有良好的保光、保色性。可在室内外墙面上使用,并可代替一般油漆和部分醇酸漆在室外使用,适用于高层建筑和各种住宅的内外墙装饰涂装。

3)乙丙乳胶漆。乙丙乳胶漆有 VB12—31 有光乙丙乳胶漆和 VB12—71 无光乙丙乳胶漆等。乙丙乳胶漆(有光、无光等)采用乙酸乙烯酯、丙烯酸酯等单体为主要原料,经乳液聚合成高分子聚合物,加入颜料、填充料和各种助剂配制而成。它有如下的特性和用途:用水稀释,无毒、无味,易加工,易清洗,可避免因使用有机溶剂而引起的火灾和环境污染;涂层干燥快,涂膜透气性好;涂膜耐擦洗性好,可用清水或肥皂水清洗;漆质均匀而不易分层,遮盖力好。

4)丙烯酸酯乳胶漆。丙烯酸酯乳胶漆也称纯丙烯酸酯聚合物乳胶漆,是一种优质的外墙涂料。它由甲基丙烯酸甲酯、丙烯酸丁酯、丙烯酸乙酯等丙烯酸多单体加入乳化剂、引发剂等,经过乳液聚合反应而制得纯丙烯酸酯乳液,以该乳液作为主要成膜物质,再加入颜料、填充料、水及其他助剂,经分散、混合、过滤而成乳液型涂料。它的突出优点是涂膜光泽柔和,耐候性、保光性、保色性都很优异,在正常情况下使用,其涂膜耐久性可达5～10年。施工方便,可采用喷涂、刷涂、滚涂等方法进行,施工温度应在 4℃以上,头道漆干燥时间为 2～6h,二道漆干燥时间为 24h。

2.仿瓷涂料

仿瓷涂料是一种新型无溶剂涂料,它填补了一般涂料在某些性能上的不足,涂刷后的表面具有瓷面砖的装饰效果。

仿瓷涂料的涂膜具有突出的耐水性、耐候性、耐油性及耐化学腐蚀性能,附着力强,可常温固化,干燥快,涂膜硬度高,柔韧性好,具有优良的丰满度,不需抛光打蜡,涂膜的光泽像瓷器。

仿瓷涂料主要用于建筑物的内墙面,如厨房、餐厅、卫生间、浴室以及恒温车间等的墙面、地面,特别适用于铸铁、浴缸、水泥地面、玻璃钢制品表面,还能涂饰高级家具等。

由于该涂料具有瓷器般的光泽,如在厨房、餐厅、卫生间的墙面涂刷这种涂料,犹如接缝的大块瓷砖贴于墙面,其光泽显眼夺目,色泽洁净。

仿瓷涂料由 A、B 两个组分组成,A 组分和 B 组分的常规比例为 1∶(0.3～0.6),但也可按被涂物的不同配制,B 组分量多,涂膜硬度高,反之涂膜柔韧性好。两组分混合后搅拌均匀,静置数分钟,待气泡消失方能施工。该涂料的施工与一般油漆相同,施工前必须将被涂物基层表面的油污、凸疤、尘土等清理干净,并要求基层干燥平整,施工墙面含水率一般控制在 8% 以下。不平整的被涂基层,必须用腻子批刮填平。涂料的使用必须随配随用,A、B 两个组分混合后,最宜在 8～10h 内用完,最多不得超过 12h,否则涂料会增稠胶化,不能使用。用后剩余的涂料,不得再倒入原装容器内,否则会影响原装涂料的质量。施涂后,保养期为 7d,在 7d 内不能用沸水或含有酸、碱、盐等物质的液体浸泡,也不能用硬物刻划或磨涂膜。

3. 丙烯酸酯外墙涂料

丙烯酸酯外墙涂料是以热塑性丙烯酸酯合成树脂为主要成膜物质,加入溶剂、颜料、填充料、助剂等,经研磨后制成的一种溶剂挥发型涂料。它是国内外建筑外墙涂料的主要品种之一,其装饰效果良好,使用寿命在 10 年以上。该涂料已在高层住宅建筑外墙及与装饰混凝土饰面中配合应用,效果甚佳,目前主要用作外墙复合涂层的罩面涂料。

丙烯酸酯涂料中常用的溶剂有丙酮、甲乙酮、醋酸溶纤剂及醋酸丁酯等。此外,芳香烃及氯烃也都是较好的溶剂。溶剂的用量在 50%～60%,为了改善涂料的性能,还可以加入少量的其他助剂,如偶联剂、紫外线吸收剂等。偶联剂的加入量为涂料的 1% 左右。

丙烯酸酯外墙涂料有如下特点:耐候性良好,长期日晒雨淋涂层不易变色、粉化或脱落;渗透性好,与墙面有较好的黏结力,并能很好地结合,使用时不受温度限制,在 0℃ 以下的气温条件下施工,也能很快干燥成膜;施工方便,可采用刷涂、滚涂、喷涂等工艺;可以按用户的要求,配制成各种颜色。

4. 氯化橡胶外墙涂料

氯化橡胶外墙涂料又称为氯化橡胶水泥漆。它是由氯化橡胶、溶剂、增塑剂、颜料、填充料和助剂等配制而成的溶剂型外墙涂料。

溶剂有芳香族烃类、酯类、酮类和氯化烃等。常用的溶剂有二甲苯、200 号煤焦溶剂,有时也可加入一些 200 号溶剂汽油以降低对底层涂膜的溶解作用,从而增进涂刷性与重涂性。

氯化橡胶外墙涂料有如下特点:氯化橡胶外墙涂料为溶剂挥发型涂料,涂刷后随着溶剂的挥发而干燥成膜;在常温环境中 2h 以内可表干,数小时后可复涂第二遍,干燥速度是一般油性漆的数倍;氯化橡胶外墙涂料施工不受气温条件的限制,可在 -70℃低温或 50℃高温环境中施工,涂层之间结合力、附着力好;涂料对水泥和混凝土表面及钢铁表面具有良好的附着性。氯化橡胶外墙涂料具有优良的耐碱、耐水和耐大气中的水汽、耐潮湿、耐腐蚀性气体的性能,还具有耐酸和耐氧化的性能,有良好的耐久性和耐候性;涂料能在户外长期暴晒,稳定性好,漆膜物化性能变化小;涂膜内含大量氯,真菌不易生长,因而有一定的防霉功能;氯化橡胶涂层具有一定的透气性,因而可以在基本干燥的基层墙面上施工。

5. 水乳型环氧树脂外墙涂料

水乳型环氧树脂涂料由 E—44 环氧树脂配以乳化剂、增稠剂、水,通过高速机械搅拌分散为稳定性好的环氧乳液,再加入颜料、填充料配制成厚浆涂料(A 组分),再将固化剂(B 组分)与之均匀混合而制得。这种外墙涂料采用特制的双管喷枪可一次喷涂成仿石纹(如花岗石纹等)的装饰涂层。

水乳型环氧树脂外墙涂料的特点是与基层墙面黏结牢固,涂膜不易粉化、脱落,有优良的耐候性和耐久性。

在喷涂时,为了防止涂料飞溅污染其他饰面,对门窗等部位必须用塑料薄膜或其他材料遮挡,如有污染应及时用湿布抹净。双组分涂料施工,应现配现用,调配时间过长会影响施工质量。涂料的使用时间一般以施工当天的气温而定。为了增加其涂层表面的光亮度,常采用溶剂型丙烯酸涂料或乳液型涂料罩面,罩面应待涂层彻底固化干燥后进行。

五、建筑油漆辅助材料

油漆施工过程中及油漆涂饰工程完成后,油漆的干燥成膜是一个很复杂的物理化学变化过程,为提高涂饰质量,达到对被涂饰物保护和装饰的目的,在建筑施工中,还必须根据施工条件和对象及装饰目的的要求,正确合理选用建筑油漆的辅助材料。建筑油漆辅助材料是油漆施工中不可缺少的配套材料。

1. 腻子

腻子用来填充基层表面原有凹坑、裂缝、孔眼等缺陷,使之平整并达到涂饰施工的要求。常用的腻子有水性腻子、油基腻子和挥发性腻子3种。腻子绝大部分已做到工厂化生产配套出售,但在油漆施工中还经常会遇到需自行调配各种专用腻子的情况。腻子对基层的附着力、腻子强度及耐老化性等往往会影响到整个涂层的质量。因此,应根据基层、底漆、面漆的性质选用配套的腻子。

建筑油漆常用腻子种类和用途见表 4-9,腻子的组成和调配,见本书第二章第二节。

表 4-9　　　　　　　　建筑油漆常用腻子种类和用途

种　　类	性能及用途
石膏油腻子	使用方便,干燥快、硬度好、刮涂性好、宜打磨,适用于金属木质、水泥面
血料腻子	操作简便、易刮涂填嵌、易打磨、干燥快,适用于木质、水泥抹灰
羧甲基纤维素腻子	易填嵌、干燥快、强度高、易打磨,适用于水泥抹灰面
乳胶腻子	易施工、强度好、不易脱落,嵌补刮涂性好,用于抹灰、水泥面
天然漆腻子	与天然大漆配套使用
过氯乙烯腻子	与过氯乙烯漆配套使用
硝基腻子	与硝基漆配套使用

2. 填孔料

填孔料的组成、特点见表 4-10。

表 4-10 填孔料的组成、特点

种 类	材料组成	特 性
水性填孔料	碳酸钙(大白粉)65%～72%、水 28%～35%、颜料适量	调配简单、施工方便、干燥快、着色均匀、价格便宜。但易使木纹膨胀、易收缩开裂、附着力差、木纹不明确
油性填孔料	碳酸钙(大白粉)60%、清油10%、松香水 20%、煤油 10%、颜料适量	木纹不会膨胀、收缩开裂少,干后坚固、着色效果好、透明、附着力好,吸收上层涂料少,但干燥慢、价格高、操作不太方便

3.胶料

胶料在建筑涂饰中应用广泛,除一般的胶黏剂外,主要用于水浆涂料或调配腻子中,有时也做封闭涂层用。常用的胶料有动、植物胶和人工合成的化学胶料。

常用胶料的种类及特点见表 4-11。

表 4-11 常用胶料的种类及特点

种 类	材料组成	特 性
皮胶	动物胶、黏结力强,但熬制费高、来源有限,已被有机树脂乳液代替	调配大血浆等水性涂料或水性填孔料
血料	一般是猪血,成本低、效果好,但调配费高,有气味	调配大血浆等水性涂料或水性填孔料
聚醋酸乙烯乳液	碳酸钙(大白粉)60%、清油10%、松香水 20%、煤油 10%、颜料适量	木纹不会膨胀、收缩开裂少,干后坚固、着色效果好,透明、附着力好,吸收上层涂料少。但干燥慢、价格高、操作不太方便
聚乙醇缩甲醛	108 胶,黏结性能好,用途广泛,施工方便,但不宜贮存过久和存在铁质容器中	调配水浆涂料

4.砂纸、砂布

研磨材料在涂饰施工中不可缺少,几乎所有的工艺都离不开它。研磨材料按其用途可分为打磨材料(砂纸和砂布)和抛光材料(砂蜡和

上光蜡)。抛光材料用于油漆涂膜表面,不仅能使涂膜更加平整光滑,提高装饰效果,还能对涂膜起到一定的保护作用。

砂纸、砂布的分类及用途见表 4-12。

表 4-12　　　　　　　　砂纸、砂布的分类及用途

种类	磨料粒度号数(目)	砂纸、砂布代号	用　途
最细	200~320	水砂纸:400;500;600	清漆、硝基漆、油基涂料的层间打磨及漆面的精磨
细	100~220	玻璃砂纹:1;0;00 金刚砂布:1;0;00;000;0000 木砂纸:220;240;280;320	打磨金属面上的轻微锈蚀,底涂漆或封底漆前的最后一次打磨
中	80~100	玻璃砂纸:1;1 ½ 金刚砂:1;1 ½ 水砂纸:180	清除锈蚀,打磨一般的粗面,墙面涂饰前的打磨
粗	40~80	玻璃砂纸:1 ½;2 金刚砂布:1 ½;2	打磨粗糙面、较深痕迹及有其他缺陷的表面
最粗	12~40	玻璃砂纸:3;4 金刚砂布:3;4;5;6	打磨清除磁漆、清漆或堆积的漆膜及严重的锈蚀

5. 抛光材料

两种抛光材料的组成与用途见表 4-13。

表 4-13　　　　　　　两种抛光材料的组成与用途

名称	组　　成							用　途
	成分	质量配比/(%)			成分	质量配比/(%)		
		1	2	3		1	2	3	
砂蜡	硬蜡(棕榈蜡) 液体蜡 白蜡 皂片 硬脂酸锌 铅红	— — 10.5 — 9.5 —	10.0 — — — 10.0 —	— 20.0 — 2.0 — 60.0	硅藻土 蓖麻油 煤油 松节油 松香水 水	16.0 — 40.0 24.0 — —	16.0 — 40.0 — 24.0 —	— 10.0 — — — 8	浅灰色膏状物,主要用于擦平硝基漆、丙烯酸漆、聚氨酯漆等漆膜表面的高低不平处,并可清除发白污染、枯皮及粗粒造成的影响

续表

名称	组　成								用　途
	成分	质量配比/(%)			成分	质量配比/(%)			
		1	2	3		1	2	3	
上光蜡	硬蜡(棕榈蜡) 白蜡 合成蜡 皂液 松节油	3.0 — — 0.1 10.0	20.0 5.0 5.0 5.0 40.0		外加"O"乳化剂 有机硅油 松香水 水	3.0 — 0.05 — 83.998	少量 25.0		主要用于漆面的最后抛光,增加漆膜亮度,有防水、防污作用,延长漆膜的使用寿命

六、涂料的环保要求

涂料中常常含有各种有害气体,如苯、二甲苯、甲醛、氢气、氨气等。这些有毒物质被人体吸收,对皮肤、呼吸系统、泌尿系统、消化系统、血液循环系统以及中枢神经系统都有不同程度的损害。

采购时应向生产厂家或经销商索取检测报告,并注意检测单位的资质,检测产品名称、型号,检测日期。最好购买有"中国环境标志"的产品。

涂料具体徽标如图 4-2 所示。

国家环境分析测试中心
（200220）

CHACL
NO: 0192
国家涂料质量监督检验中心

中国环境标志

图 4-2　涂料徽标

第四节　常用壁纸、壁布

一、壁纸

壁纸是以纸为基材,上面覆有各种色彩或图案的装饰面层,用于室内墙面或顶棚装饰的一种饰面材料,以布为基材的称为壁布。

1. 壁纸的分类

壁纸为目前国内外使用最广的室内装饰材料之一,它通过印花、压花、发泡等不同工艺可取得仿木纹、石纹、锦缎和各种其他织物的外观，增加了装饰效果，所以深受欢迎。随着工业技术的发展，装饰壁纸不但品种越来越多，质量也越来越好，还出现了多种具有特殊功能的壁纸，如阻燃壁纸、抗静电壁纸、吸声壁纸、防射线壁纸等。我国目前生产的壁纸品种有塑料壁纸、织物复合壁纸、天然材料面壁纸、金属壁纸及复合纸质壁纸几种。常用壁纸按功能和作用分类见表 4-14。壁纸按材料分类，见表 4-15。

表 4-14　　　　　　　　　　壁纸按功能和作用分类

分类方法	分类内容
按外观装饰效果分	有印花壁纸、轧花壁纸、浮雕壁纸等
按使用功能分	有装饰性壁纸、防火壁纸、耐水壁纸、吸声壁纸等
按施工方法分	有现场涂胶裱贴的壁纸和背面有预涂胶可直接铺贴的壁纸
按所用材料分	有塑料壁纸、织物复合壁纸、天然材料面壁纸、金属壁纸、复合纸质壁纸

表 4-15　　　　　　　常见各种材料壁纸的品种、特点及应用范围

产品种类	特点	适用范围
聚氯乙烯壁纸（PVC塑料壁纸）	以纸或布为基材，PVC 树脂为涂层，经复合印花、轧花、发泡等工序制成，具有花色品种多样，耐磨、耐折、耐擦洗、可选性强等特点。属目前产量最大，应用最广泛的一种壁纸	各种建筑物的内墙面及顶棚
织物复合壁纸	将丝、棉、毛、麻等天然纤维复合于纸基上制成，具有色彩柔和、透气、调湿、吸声、无毒、无味等特点，但价格偏高，不易清洗	饭店、酒吧等高级墙面点缀
金属壁纸	以纸为基材，涂复一层金属薄膜制成，具有金碧辉煌、华丽大方、不老化、耐擦洗、无毒、无味等特点	公共建筑的内墙面，柱面及局部点缀
复合纸质壁纸	将双层纸（表纸和底纸）施胶、层压、复合在一起，再经印刷、轧花、表面涂胶制成，具有质感好、透气、价格较便宜等特点	各种建筑物的内墙面

（1）塑料壁纸。PVC 塑料壁纸因其制作工艺、外观及性能的差异，通常被分为普通型、发泡型和特种型 3 小类，每一小类可分出数十个品种，每一种又有几十甚至几百个花色，其分类及说明见表 4-16。产品质量应符合国家有关标准的要求，参见表 4-17～表 4-21。

表 4-16　　　　　　　　　　塑料壁纸的分类及说明

类别	品种	说　明	特点及适用范围
普通壁纸	单色轧花壁纸	以 80g/m² 纸为基层，涂以 100g/m² 聚氯乙烯糊状树脂为面层，经凸版轮转轧花机轧花而成	可加工成仿丝绸、织锦缎等多种花色，但底色、花色均为同一单色。此品种价格低，适用于一般建筑及住宅
	印花轧花壁纸	基层、面层同上，经多套色凹版轮转印刷机印花后再轧花而成	壁纸上可压成布纹、隐条纹、凹凸花纹等，并印各种色彩图案，形成双重花纹，适用于一般建筑及住宅
	有光印花壁纸	基层、面层同上，在由抛光辊轧光的表面上印花而成	表面光洁明亮，花纹图案美观大方，用途同印花轧花壁纸
	平光印花壁纸	基层、面层同上，在由消光辊轧平的表面上印花而成	表面平整柔和，质感舒适，用途同印花轧花壁纸
发泡壁纸	高发泡轧花壁纸	以 100g/m² 的纸为基层，涂以 300～400g/m² 掺有发泡剂的聚氯乙烯糊状料，轧花后再加热发泡而成。如采用高发泡率的发泡剂来发泡，即可制成高发泡壁纸	表面呈富有弹性的凹凸花纹，具有立体感强、吸声、图样真、装饰性强等特点。适用于影剧院、居室、会议室及其他须加吸声处理的建筑物的顶棚、内墙面等处
	低发泡印花壁纸	基层、面层同上。在发泡表面上印有各种图案	美观大方，装饰性强。适用于各种建筑物室内墙面及顶棚的饰面
	低发泡印花轧花壁纸	基层、面层同上。采用具有不同抑制发泡作用的油墨先在面层上印花后，再发泡而成	表面具有不同色彩不同种类的花纹图案，称"化学浮雕"。有木纹、席纹、瓷砖、拼花等多种图案，图样逼真、立体感强，且富有弹性，用途同低发泡印花壁纸

续表

类别	品种	说　明	特点及适用范围
特种壁纸	布基阻燃壁纸	采用特制织物为基材,与特殊性能的塑料膜复合,经印刷、轧花及表面处理等工艺加工而成	图案质感强、装饰效果好、强度高、耐撞击、阻燃性能好、易清洗、施工方便、更换容易,适用于宾馆、饭店、办公室及其他公共场所
	布基阻燃防霉壁纸	以特殊织物为基材,与有阻燃、防霉性能的塑料膜复合,经印刷、轧花及表面处理等工艺加工而成	产品图案质感强、装饰效果好、强度高、耐撞击、易清洗、阻燃性能和防霉性能好,适用于地下室、潮湿地区及有特殊要求的建筑物等
	防潮壁纸	基层一般不用 80g/m² 基纸,而采用不怕水的玻璃纤维毡。面层同普通塑料壁纸	这种壁纸有一定的耐水、防潮性能,防霉性可达 0 级;适于在卫生间、厨房、厕所及湿度大的房间内作装饰之用
	抗静电壁纸	在面层内加以电阻较大的附加料加工而成,从而提高壁纸的抗静电能力	表面电阻可达 1kΩ,适于在电子机房及其他需抗静电的建筑物的顶棚、墙面等处使用
	彩砂壁纸	在壁纸基材上撒以彩色石英砂等,再喷涂胶黏剂加工而成	表面似彩砂涂料,质感强。适用于柱面、门厅、走廊等的局部装饰
	其他特种壁纸	吸声壁纸、灭菌壁纸、香味壁纸、防辐射壁纸等	—

表 4-17　　　　　　　　聚氯乙烯塑料壁纸的技术性能

名称 \ 等级	优　等　品	一　等　品	合　格　品
色差	不允许有	不允许有明显差异	允许有差异,但不影响使用
伤痕和皱折	不允许有	不允许有	允许基纸有明显折印,但壁纸表面不允许有死折
气泡	不允许有	不允许有	不允许有影响外观的气泡
套印精度	偏差不大于 0.7mm	偏差不大于 0.7mm	偏差不大于 2mm

名称\等级	优 等 品	一 等 品	合 格 品
露底	不允许有	不允许有	允许有 2mm 的露底,但不允许密集
漏印	不允许有	不允许有	不允许有影响外观的漏印
污染点	不允许有	不允许有目视明显的污染点	允许有目视明显的污染点,但不允许密集

表 4-18　　　　　　　　　　聚氯乙烯塑料壁纸的物理性能

项　目			指　　标		
			优等品	一等品	合格品
褪色性			>4	≥4	≥3
耐摩擦色牢度实验(级)	干擦性	纵向	>4	≥4	≥3
		横向			
	湿摩擦	纵向	>4	≥4	≥3
		横向			
遮蔽性 C 级			4	≥3	≥3
湿润拉伸负荷 N/15mm			>20	≥20	≥20
黏合剂可试性			20 次无外观上的损伤和变化	20 次无外观上的损伤和变化	20 次无外观上的损伤和变化

注:黏合剂可试性是指黏合壁纸的黏合剂附在壁纸的正面,在黏合剂未干时,应有可能用湿布或海绵拭去不留下明显痕迹。

表 4-19　　　　　　　　　　聚氯乙烯塑料壁纸的可洗性能

使 用 等 级	指　　标
可洗	30 次无外观的损伤和变化
特别可洗	100 次无外观的损伤和变化
可刷洗	40 次无外观的损伤和变化

表 4-20　　　　　　　　　　聚氯乙烯塑料壁纸的阻燃性能

级　别	氧指数法	水平燃烧法	垂直燃烧法
B1	≥32	1 级	0
B2	≥27	1 级	1 级

表 4-21　　　　聚氯乙烯塑料壁纸有毒物质限量值(mg/kg)

有毒物质名称		限　量　值
重金属(或其他)元素	钡	≤1000
	镉	≤25
	铬	≤60
	砷	≤8
	铅	≤90
	汞	≤20
	硒	≤165
	锑	≤20
氯乙烯		≤1.0
甲醛		≤120

（2）织物复合壁纸。织物复合壁纸的产品名称及规格见表 4-22。

表 4-22　　　　　　织物复合壁纸的产品名称及规格

产品名称	说　明	规格/mm
棉纱壁纸	以优质纸为基材，与棉纱黏合后，经多色套印而成。产品透气性好，无毒、无气味，抗静电、隔热、保温、音响效果好，有多种型号和花色	530×10000
棉纱线壁纸	以纯棉纱线或化学纤维纱线经工艺胶压而成。产品无毒、无味、吸湿、保暖，透气性好，色彩古朴幽雅，反射光线柔和，线条感强烈	914×5486 914×7315
花色线壁线	为花色线复合型产品，有多种款式	914×73000
天然织物壁纸系列	以天然的棉花、纱、丝、羊毛等纺织类产品为表层制成。产品不宜在潮湿场所采用	(530×10050)/卷 (914×10050)/卷
纺织艺术墙纸	以天然纤维制成各种色泽、花式的粗细不一的纱线，经特殊工艺处理及巧妙艺术编排，复合于底板给纸上加工而成。产品无毒、无害、吸声、无反光，透气性能较好	—
织物壁纸	—	914×5500×1.0 914×7320×1.0

续表

产品名称	说　　明	规格/mm
纱线壁纸	以棉纱、棉麻等天然织物,经多种工艺加工处理与基纸贴合而成。有印花、轧花两大系列近百个花色品种,具有无毒、无害、无污染、防潮、防晒、阻燃等优点。 产品有表面纱线稀疏型、表面彩色印花型、表面轧花型	(900×10000)/卷 (530×10000)/卷
高级壁绒	以高级绒毛为面料制成。产品外观高雅华贵,质感细腻柔软,并具有优良的阻燃、吸声、溶光性,中间有防水层,可防潮、防霉、防蛀	530×10

(3)天然材料面壁纸。天然材料面壁纸的产品名称、规格见表 4-23。

表 4-23　　　　　　　　天然材料面壁纸的产品名称及规格

产品名称	花色品种	规格/mm
天然纤维墙纸	以天然植物的茎条经手工编织加工而成 细葛皮(55~60 根) 粗葛皮(28~32 根) 粗熟麻(28~32 根) 细熟麻(50~55 根) 剑麻(65~70 根) 三角草(22~24 根)	914×7315 914×5486
草编墙纸	多种花色品种	914×7315 914×5486
天然草编壁纸系列	用麻、草、竹、藤等自然材料,结合传统的手工编制工艺制成。产品不适用于卫生间等潮湿的地方	多种规格

(4)金属壁纸。金属壁纸以纸为基材,再粘贴一层电化金属箔,经过压合、印花而成。产品具有光亮的金属质感和反光性,给人以金碧辉煌、庄重大方的感觉。它无毒、无气味、无静电、耐湿、耐晒、可擦洗、不褪色,适用于高级宾馆、饭店、咖啡厅、舞厅等处的墙面、柱面和顶棚面

的装饰。

（5）复合纸质壁纸。复合纸质壁纸是将表纸和底纸双层纸施胶、层压、复合在一起，再经印刷、轧花、表面涂胶而制成，是当前流行的品种，单层纸质壁纸由于立体效果差，现在已很少生产。这种壁纸又可分为印花与轧花同步型和不同步型两类，相比之下，印花与轧花同步型的壁纸立体感强，图案层次鲜明，色彩过渡自然，装饰效果可与 PVC 低发泡印花轧花壁纸相媲美，而且这种壁纸的色彩比 PVC 壁纸更为丰富，透气性也优于发泡壁纸，且不产生任何异味，价格也较便宜。这种壁纸在欧洲各国很受欢迎，绝大多数家庭和旅馆都喜欢用它来装饰墙面。纸质壁纸主要的缺点是防污性差，且耐擦洗性不如 PVC 壁纸，因而不宜用于人流量大、易污染的场所。其产品名称、品种、规格见表 4-24。

表 4-24　　　　　　　　复合纸质壁纸的产品名称、品种及规格

产 品 名 称	品种及说明	规格/mm
纸质涂塑壁纸	以纸为基层，用高分子乳液涂布面层，经印花、轧纹等工艺制成，一般为多花浮雕型，有 A、B、C 3 种，有几十种花色图案	(530×10050)/卷
纸基壁纸系列	在有特殊耐热性能的纸上直接印花轧纹而成	—

（6）防火阻燃型壁纸。防火阻燃型壁纸采用特制织物或防火底纸为基材与有防火阻燃性能的面层复合，经印刷、轧花及表面处理等工艺加工而成。产品适用于饭店、办公大楼、百货商场、政府机构、银行、医院等场所以及其他需注意公共安全的场所，如证券公司、展览馆、会议中心、礼堂等。同时具有防霉、抗静电性能的防火阻燃型壁纸，又可用于地下室、潮湿地区、计算机房、仪表房等有防火、防雷、抗静电等特殊要求的房间和建筑物。

2. 壁纸的选用

壁纸作为一种建筑装饰材料，在使用时不仅要保证施工质量，而且选用的材料要与建筑环境协调一致，这样才能取得良好的装饰效果。

选用壁纸时，应根据装修设计的要求，细心体会和理解建筑师的意

图。如个人为自己的居室装饰选用壁纸,则要充分考虑装修房间的用途、大小、光线、家具的式样与色调等因素,力图使选择的壁纸花色、图案与建筑的环境和格调协调一致。一般说来,老年人使用的房间宜选用偏蓝或偏绿的冷色系壁纸,图案花纹也应精巧雅致;儿童用房其壁纸颜色宜鲜艳一些,花纹图案也应活泼生动一些;青年人的住房应配以新颖别致、富有欢快软松之感的图案。空间小的房间,要选择小巧图案的壁纸;房间偏暗,用浅暖色调壁纸易取得较好的装饰效果。客厅用的壁纸应高雅大方,而卧室则宜选用柔和而有暖感的壁纸。

3. 壁纸的粘贴

(1)对基层进行处理,对各种墙面要求平整、清洁、干燥、颜色均匀一致,应无空隙、凹凸不平等缺陷。

(2)基层处理并待干燥后,表面满涂基层涂料一遍,要求薄而均匀。

(3)在基层涂料干燥后,画垂直线作标准。

(4)根据实际尺寸,统筹规划裁纸,并把纸幅编号。准备上墙粘贴的壁纸,纸背预先闷水一道,再刷胶黏剂一遍。

(5)粘贴时采用纸面对折上墙,纸幅要垂直,对花,对纹,拼缝,然后由薄钢片刮板由上而下赶压,由拼缝向外向下顺序压平、压实。

4. 注意事项

壁纸花纹应图案完整、纵横连贯一致、色泽均匀,表面应平整、黏结紧密,无空鼓、气泡、皱褶、翘边、污迹,无离缝、搭缝等。与顶棚、挂镜线、踢脚线等交接处黏结应顺直。

二、壁布

装饰壁布又称装饰贴墙布,以布为基材,上面覆有各种色彩或图案的装饰面层。它包括玻璃纤维壁布、玻璃纤维印花壁布、装饰壁布、无纺贴壁布、弹性壁布等,主要用于各种建筑物的室内墙面装饰。

1. 玻璃纤维壁布和玻璃纤维印花壁布

玻璃纤维壁布以石英为原料,经拉丝,织成人字形网格状的玻璃纤维壁布,将这种壁布贴在墙上后,再涂刷各种色彩的乳胶漆,即形成多种色彩和纹理的装饰效果。玻璃纤维印花壁布以中碱玻璃纤维布为基材,表面涂以耐磨树脂印上彩色图案而成。产品色彩鲜艳,花色多样,并有布纹质感。

玻璃纤维壁布具有无毒、无味、防火、防潮、耐擦洗、不老化、抗裂性好、寿命长等特点。其产品名称、规格、性能见表 4-25。

表 4-25　　　　　　　玻璃纤维壁布的产品名称、规格及性能

产品名称	规格/mm	技术性能
玻璃纤维印花壁布	宽:840~870 厚:0.48 长:50000/匹	耐洗性:在 1% 肥皂水中煮,不褪色耐火性:离火自熄
	宽:840~880 厚:0.17~0.20	
	宽:840~880 厚:0.17	
玻璃纤维壁布	宽:1000 长:25000、30000、50000(每卷)	阻燃性:B1 级
	20 多种花纹系列	产品具有织纹效果,肌理感强,无毒、阻燃

2.装饰壁布

装饰壁布分化纤装饰壁布和天然纤维装饰壁布,前者以化纤布为基材,经一定处理后印花而成;后者则以真丝、棉花等自然纤维织物为基材,经过前处理、印花、涂层制作而成。这类壁布具有强度大、蠕变性小、无毒、无味、透气等特点。化纤装饰壁布还具有较好的耐磨性,天然织物装饰壁布则还有静电小、吸声等特点。

3.无纺贴壁布

无纺贴壁布以棉、麻、天然纤维或涤、腈等合成纤维为基材,经过无纺成型、上树脂、印制彩色花纹而制成。该壁布挺括、富有弹性、不易折断、表面光洁而又有羊绒毛感,且具有一定的透气性、防潮性,能用洁净的湿布擦洗,特别是涤棉无纺布,还具有质地细洁、光滑的特点,更宜用于高级宾馆、住宅等建筑物装饰。

4. 弹性壁布

弹性壁布以 EVA 片材或其他片材作基材,以各种高、中、低档装饰布作面料复合加工而成。产品具有质轻、柔软、弹性高、手感好、平整度好、防潮、不老化的特点,并有优良的保温、隔热、隔声性能,可以广泛用于宾馆、酒吧、净化车间、高级会议室、办公室、舞厅和歌厅及家庭室内装饰等。由于充分发挥了 EVA 发泡材料材质细腻、外表光滑、不易吸水的优势,故产品具有优良的防水性能,不致因墙体水分侵蚀而导致复合墙布潮解和霉变,这是其他软装饰材料不可比之处。

弹性壁布使用方便,可直接粘贴在水泥墙面或夹板上,可采用喷胶或刷胶两种黏结方法,接口处用铝合金条压缝或直接对接均可。

三、壁纸和墙布的性能及国家通用标志

塑料壁纸按使用功能还有防水、防火、防菌、防静电等类型。为此在其背面印有其功能特点的国际通用标志,如图 4-3 所示。

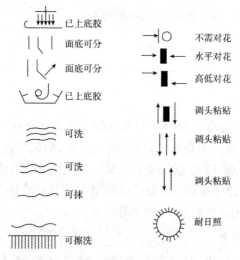

已上底胶
面底可分
面底可分
已上底胶
可洗
可洗
可抹
可擦洗

不需对花
水平对花
高低对花
调头粘贴
调头粘贴
调头粘贴
耐日照

图 4-3　壁纸、墙布性能国际通用标志

四、壁纸和墙布的一般材质要求

壁纸、墙布的图案、品种、色彩等应符合设计要求,并应附有产品合格证。

第五节 玻璃、玻璃钢

一、玻璃

玻璃的种类很多,根据功能和用途,大致可以分为表 4-26 所列的几类。

表 4-26　　　　　　　　　　　　　建筑玻璃的分类

类　　别	玻 璃 品 种
平板玻璃	普通平板玻璃、高级平板玻璃(浮法玻璃)
声、光、热控制玻璃	阳光控制镀膜玻璃、低辐射膜镀膜玻璃、导电膜镀膜玻璃、磨砂玻璃、喷砂玻璃、轧花玻璃、中空玻璃、泡沫玻璃、玻璃空心砖
安全玻璃	夹丝玻璃、夹层玻璃、钢化玻璃
装饰玻璃	彩色玻璃、轧花玻璃、喷花玻璃、冰花玻璃、刻花玻璃、彩绘玻璃、镜面玻璃、彩釉玻璃、微晶玻璃、玻璃马赛克、玻璃大理石
特种玻璃	防火玻璃、防爆玻璃、防辐射玻璃(铅玻璃)、防盗玻璃、电热玻璃

建筑玻璃是所有应用于建筑工程中的各种玻璃的总称。在现代建筑工程中,玻璃已由传统单纯作采光和装饰用的材料,向控制光线、调节热量、节约能源、隔声吸声、保温隔热以及降低建筑结构自重、改善环境等多功能方面发展。另外,像防弹玻璃、防盗玻璃、防辐射玻璃、防火玻璃、泡沫玻璃、电热玻璃等这些特种玻璃还具有各种特殊用途,正由于此,建筑玻璃为建筑工程设计提供了更大的选择空间,它也逐渐成为一种重要的建筑装饰装修材料。

1.普通平板玻璃

凡用石英砂岩、钾长石、硅砂、纯碱、芒硝等原料按一定比例配制,经熔窑高温熔融,通过垂直引上或平拉、延压等方法生产出来的无色、透明平板玻璃统称为普通平板玻璃,也称白片玻璃或净片玻璃。

普通平板玻璃价格比较便宜,建筑工程上主要用做门窗玻璃和其他最普通的采光和装饰设备,但此种玻璃韧性差,透过紫外线能力差,在温度和水蒸气的长期作用下,玻璃的碱性硅酸盐能缓慢进行水化和水解作用,即所谓的玻璃"发霉"。另外,由于它本身的制造工艺等因素的影响,产品容易出现质量缺陷,其质量比不上浮法平板玻璃,所以它在许多方面的使用都正在被浮法平板玻璃所取代。

普通平板玻璃按厚度分为 2mm、3mm、4mm、5mm、6mm 五类,按外观质量分为特选品、一等品和二等品三类。

2. 轧花玻璃

轧花玻璃又称花纹玻璃或滚花玻璃,用压延法生产玻璃时,在压延机的下压辊面上刻以花纹,当熔融玻璃液流经压辊时即被压延而成。

轧花玻璃的表面压有深浅不同的花纹图案。由于表面凹凸不平,所以当光线通过玻璃时即产生漫射,因此从玻璃的一面看另一面的物体时,物像就模糊不清,造成了这种玻璃透光不透明的特点。另外,由于轧花玻璃表面具有各种花纹图案,又可有各种颜色,因此这种玻璃又具有良好的艺术装饰效果。该玻璃适用于会议室、办公室、厨房、卫生间以及公共场所分隔室等的门窗和隔断等处。

除了普通的轧花玻璃外,还有用真空镀膜方法加工的真空镀膜轧花玻璃和采用有机金属化合物和无机金属化合物进行热喷涂而成的彩色膜轧花玻璃,后者彩色膜的色泽、坚固性、稳定性均较其他玻璃要好,花纹图案的立体感也比一般的轧花玻璃和彩色玻璃更强,并且具有较好的热反射能力,装饰效果佳,是做如宾馆、饭店、餐厅、酒吧、浴池、游泳池、卫生间等公共场所内部装饰和分隔的好材料。

3. 浮法玻璃

浮法玻璃实际上也是一种平板玻璃,由于生产这种玻璃的方法与生产普通平板玻璃的方法不相同,是采用玻璃液浮在金属液上成型的"浮法"制成,故而称为"浮法玻璃"。浮法工艺具有产量高,整个生产线可以实现自动化,玻璃表面特别平整光滑、厚度非常均匀、光学畸变很小等特点,产品质量高,适用于高级建筑门窗、橱窗、夹层玻璃原片、指挥塔窗、中空玻璃原片、制镜玻璃、有机玻璃模具,以及汽车、火车、船舶的风窗玻璃等。

4.喷砂玻璃及磨砂玻璃

喷砂玻璃是用普通平板玻璃,以压缩空气将细砂喷至玻璃表面研磨加工而成;磨砂玻璃也称毛玻璃、暗玻璃,是用普通平板玻璃,以硅砂、金刚砂、石榴石粉等研磨材料对玻璃表面进行研磨加工而成。这两种玻璃由于表面粗糙,光线通过后会产生漫射,所以它们具有透光不透视的特点,并能使室内光线柔和而避免眩光。

这种玻璃主要用于需要透光不透视的门窗、隔断、浴室、卫生间及玻璃黑板、灯罩等。

5.镀膜玻璃

镀膜玻璃有阳光控制镀膜玻璃、低辐射膜镀膜玻璃、导电膜镀膜玻璃、镜面膜镀膜玻璃四种。由于这种玻璃具有热反射、低辐射、镜面等多种特性,是一种新型的节能装饰材料,被广泛用作幕墙玻璃、门窗玻璃、建筑装饰玻璃和家具玻璃等。

(1)阳光控制镀膜玻璃。阳光控制镀膜玻璃又称热反射膜玻璃或遮阳玻璃,它具有较高的热反射能力而又有良好的透光性。其性能特点及适用范围如下。

阳光控制镀膜玻璃对太阳光中可见光及波长 $0.3\sim2.5\mu m$ 的近红外光有良好的透过性,但对波长为 $3\sim12\mu m$ 的远红外光则具有很强的反射性。因此,这种玻璃对太阳辐射热有较高的反射能力(普通平板玻璃的辐射热反射率为 $7\%\sim8\%$,热反射膜镀膜玻璃则可达 30% 以上),可把大部分太阳热反射掉。若用作幕墙玻璃或门窗玻璃,则可减少进入室内的热量,降低空调能耗及节约空调费用。

阳光控制镀膜玻璃具有镜面效应及单向透视特性。从光强的一面向玻璃看去,玻璃犹如镜面一样,可将四周景物映射出来,视线却无法透过玻璃,对光强的一面的景物一览无遗。因此,如以这种玻璃作幕墙,可使整个建筑物如水晶宫一样闪闪发光,从室内向外眺望,可以看到室外景象,而从室外向室内观望,则只能看到一片镜面,对室内景物看不见。这种镜片效应及单向透视特性给建筑设计开拓了广阔的前景,使建筑物进一步迈入更加多彩多姿的美景。

阳光控制镀膜玻璃可有不同的透光率,使用者可根据需要选用一定透光度的玻璃来调节室内的可见光量,以获得室内要求的光照强度,达到光线柔和、舒适的目的。

适用于温、热带气候区。适于作幕墙玻璃、门窗玻璃、建筑装饰玻璃和家具玻璃等。阳光控制镀膜玻璃具有控光性,可用以代替窗帘。可用作中空玻璃、夹层玻璃、钢化玻璃、镜片玻璃的原片。

颜色有金、银、铜、蓝、棕、灰、金绿等。

(2)低辐射膜镀膜玻璃。低辐射膜镀膜玻璃也称吸热玻璃或茶色玻璃,它既能吸收大量红外线辐射热能而又保持良好的可见光透过率,其特点如下。

1)保温、节能性:低辐射膜镀膜玻璃一般能通过 80%的太阳光,辐射能进入室内被室内物体吸收,进入后的太阳辐射热有 90%的远红外热能仍保留在室内,从而降低室内采暖能源及空调能源消耗,故用于寒冷地区具有保温、节能效果。这种玻璃的热传输系数小于$1.6W/(m^2 \cdot K)$。

2)保持物件不褪色性:低辐射膜镀膜玻璃能阻挡紫外光,如用作门窗玻璃,可防止室内陈设、家具、挂画等受紫外线影响而褪色。

3)防眩光性:低辐射膜镀膜玻璃能吸收部分可见光线,故具有防眩光作用。

低辐射膜镀膜玻璃的颜色有灰、茶、蓝、绿、古铜、青铜、粉红、金、棕等。这种玻璃适用于寒冷地区做门窗玻璃、橱窗玻璃、博物馆及展览馆窗用玻璃、防眩光玻璃,另外可用作中空玻璃、钢化玻璃、夹层玻璃的原片。

6. 钢化玻璃

钢化玻璃是安全玻璃的一种。钢化玻璃具有弹性好、抗冲击强度高(是普通平板玻璃的 4~5 倍)、抗弯强度高(是普通平板玻璃的 3 倍左右)、热稳定性好以及光洁、透明等特点,而且在遇超强冲击破坏时,碎块呈分散细小颗粒状,无尖锐棱角,因此不致伤人。

钢化玻璃可以薄代厚,减轻建筑物的重量,延长玻璃的使用寿命,满足现代化建筑结构轻体、高强的要求,适用于建筑门窗、玻璃幕墙等。近几年才开发的彩釉钢化玻璃更广泛地应用于玻璃幕墙。

根据国家标准,钢化玻璃按形状分为平面钢化玻璃和曲面钢化玻璃。钢化玻璃不能裁切,所以订购时尺寸一定要准确,以免造成损失。

7. 夹层玻璃

夹层玻璃是安全玻璃的一种,以两片或两片以上的普通平板、磨光、浮法、钢化、吸热或其他玻璃作为原片,中间夹以透明塑料衬片,经热压黏合而成。夹层玻璃的衬片多用聚乙烯缩丁醛等塑料材料,介于玻璃之间或玻璃与塑料材料之间起黏结和隔离作用,使夹层玻璃具有抗冲击、阳光控制、隔声等性能。这种玻璃受剧烈震动或撞击时,由于衬片的黏合作用,玻璃仅呈现裂纹,不落碎片。它具有防弹、防震、防爆性能,除适用于高层建筑的幕墙、门窗外,还适用于工业厂房门窗、高压设备观察窗、飞机和汽车挡风窗及防弹车辆、水下工程、动物园猛兽展窗、银行等处。

8. 中空玻璃

中空玻璃是以同尺寸的两片或多片普通平板玻璃或透明浮法玻璃、彩色玻璃、镀膜玻璃、轧花玻璃、磨光玻璃、夹丝玻璃、钢化玻璃等,其周边用间隔框分开,并用密封胶密封,使玻璃层间形成有干燥气体空间的产品,产品有双层和多层之分。这种玻璃(图4-4)具有优良的保温、隔热、控光、隔声性能,如在玻璃与玻璃之间充以各种漫

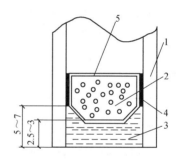

图4-4 中空玻璃示意图(单位:mm)
1—玻璃;2—干燥剂;3—外层密封胶;
4—内层密封胶;5—间隔框

射光材料或介质等,则可获得更好的声控、光控、隔热等效果。中空玻璃除主要用于建筑物门窗、幕墙外,还可用于采光顶棚、花棚温室、冰箱门、细菌培养箱、防辐射透视窗以及车船挡风玻璃等处,在寒冷地区使用,尤为适宜。

二、玻璃钢

1. 玻璃钢的特点

玻璃钢又称为玻璃纤维增强材料,它是以玻璃纤维及其制品为增强材料,以合成树脂为胶黏剂,加入多种辅助材料,经过一定的成型工

艺制作而成的复合材料。它具有耐高温、耐腐蚀、电绝缘性好等优点，广泛应用于建筑工程的防腐地面、防腐墙面、防腐废液水池，也适用于国防、石油、化工、车辆、电气等方面。

常用玻璃钢的种类：环氧玻璃钢、酚醛玻璃钢、呋喃玻璃钢和不饱和聚酯玻璃钢等。这几种常用玻璃钢的特点见表 4-27。

表 4-27　　　　　　　　　　　常用玻璃钢的特点

项目	玻璃钢种类			
	环氧玻璃钢	酚醛玻璃钢	呋喃玻璃钢	不饱和聚酯玻璃钢
特点	机械强度高，收缩率小，耐腐蚀性优良，黏结力强，成本较高，耐温性能较差	强度较高，电绝缘性能良好，成本较低。耐热性优良，耐腐蚀性能较好。在室外长期使用后会出现表面风蚀现象	原料来源广，成本较低。耐碱性良好，耐温性较高，强度较差，性能脆，与钢壳黏结力较差	工艺性良好，施工方便(冷固化)，强度高，性能和耐化学腐蚀性良好。耐温性差，收缩率大，弱性模量低。不适于制成承力构件，有一定气味和毒性
使用参考温度/℃	<90~100	<120	<180	<90

2. 玻璃钢地面与墙面胶料的配合比

玻璃钢地面、墙面胶料的配合比见表 4-28。选择玻璃钢地面、墙面胶料配合比应注意以下几方面的问题。

(1)为满足使用要求和保证工程质量，在选择各种不同原材料所制得的玻璃钢以前，必须充分了解防腐地面、墙面的使用要求和各种树脂的防腐蚀性能及物理机械性能。然后，根据使用要求来选择合适的树脂和配合比。

(2)酚醛玻璃钢与混凝土或水泥浆面粘贴时，须用环氧树脂胶料打底做隔离层。

(3)冬季施工时，固化剂宜多用一些，夏季施工时稀释剂宜多用些。正式施工之前，必须根据气候情况做小型试样，以选定合理的固化剂掺入量。

(4)酚醛树脂的稀释剂为酒精，不可用丙酮。采用硫酸乙酯为固化剂的配合比:浓硫酸∶无水乙醇＝(2～2.5)∶1。

表 4-28　　　　　　玻璃钢地面、墙面胶料的配合比

配合比（质量比）/（%） 材料	使用对象	基层打底		腻子料	环氧玻璃钢		酚醛玻璃钢		呋喃玻璃钢	
		第一遍	第二遍		胶料	面层料	胶料	面层料	胶料	面层料
树脂	环氧玻璃钢 酚醛玻璃钢 呋喃玻璃钢	100	100	100	100	100	100	100	100	100
稀释剂	丙酮 酒精(无水)	50～80	40～50	20～30	15～20	10～15	20～30	35	10～20	10～20
固化剂	乙二胺 石油磺酸 硫酸乙酯	6～8	6～8	6～8	6～8	6～8	8～16	8～16	10～14	10～14
填料	石英粉 辉绿岩粉	15～20	15～20	250～350	15～20	—	20～30	20～30	—	—

下篇 涂裱工岗位操作技能

第五章　涂裱施工基层处理

第六章　油漆施工操作

第七章　涂料施工操作

第八章　抹灰施工操作

第九章　壁纸裱糊施工操作

第十章　玻璃裁切与安装施工操作

第五章 涂裱施工基层处理

第一节 基层性能特征及处理方法

一、常见基层性能特征

基层与涂料是皮与毛的关系。基层首先要有良好的附着力和很好相容性；其次，各类基层都要达到"坚实、平整、清洁、干燥"的要求。因此，在施涂之前，要对基层进行加工处理，消除影响施涂质量的缺陷，这是在涂饰施工中非常重要的工序。

在处理基层前，为了熟悉、掌握处理方法，了解常见基层的性能特征是很有必要的。常见基层性能特征见表 5-1。

表 5-1   常见基层性能特征

基层种类	有孔	无孔	易吸收	能吸收	难吸收	化学活动性	可侵蚀	表面特征
木板和胶合板	△		△			△		吸水、吸潮、稳定性差
水泥面	△			△		△		粗、吸水率大、碱性
混凝土	△			△		△		粗、吸水率大、碱性
石膏灰面	△			△		△		吸水率大、裂缝少、泛碱
石灰面	△			△		△		吸水率大
黑色金属		△			△		△	光滑、易锈蚀
有色金属		△			△		△	光滑
塑料		△			△			表面增塑剂迁移，硬度低，色调单一
泡沫聚苯乙烯板	△				△			吸潮

二、基层处理的主要方法

基层处理的主要目的是提高涂层的附着力、装饰效果和延长使用寿命。

基层处理主要采取物理和化学的方法。

(1)用手工工具清除基层表面比较容易清除的杂物、灰尘、锈蚀、旧涂膜等。

(2)用动力设备或化学方法清除基层上不易清除的油脂、酸碱物等。

(3)用喷砂、化学侵蚀的方法对基层进行加工处理,使其表面粗糙,以提高涂膜的附着力。

(4)当基层的颜色或性能与涂料不相容时,用化学方法等改变其颜色和性能,以达到相容的效果。

第二节　木质面基层处理

木材是一种天然材料,经加工后的木制品件,其表面往往存在纹理色泽不一、节疤、含松脂等缺陷。为了使木装饰做得色泽均匀,涂膜光亮,美观大方,除要求施涂技术熟练外,在施涂前,做好木制品件的基层表面处理(特别是施涂浅色和本色涂料的木材基层处理)是关键。

一、清理

木制品在机械加工和现场施工过程中,表面难免留下各种污迹,如墨线、笔线、胶水迹、油迹、水泥砂浆和石灰砂浆等,所以在涂饰前一定要将这些污迹清理干净。

白胶、黑迹、铅笔线一般采用小刀或玻璃细心铲刮,再做磨光。砂浆灰采用铲刀刮除,再用砂纸打磨,除去痕迹。油迹一般采用香蕉水、松香水抹除。沥青清漆(俗称水罗松)污迹要用虫胶清漆封闭,不然会出现咬色的现象。

二、打磨

木家具和建筑木装饰完工后,除采用上述各种处理方法和手段弥补其表面缺陷外,还必须进行一道全面的打磨工序。

打磨是木装饰的头道工序。打磨是否平整光滑,直接关系到后面施工工序能否顺利进行。打磨在木装饰涂饰过程中有极其重要的作用,在打磨前必须了解木装饰的材质是硬木还是软木,用何种涂料,是清色还是混色。硬木要求顺木纹方向来回打磨,不得横向打磨。需将木毛等磨去,达到光滑平整、木纹纹理清晰,同时轻轻将棱角磨倒,不能将线脚花饰磨伤或变形。

三、漂白

对于浅色、本色的中、高级清漆装饰,应采用漂白的方法将木材的色斑和不均匀的色素消除。漂白处理一般是在局部色泽深的木材表面上进行,也可在制品整个表面进行。

1.一般漂白

过氧化氢(俗称双氧水)是应用较广、效果较好的一种漂白剂,其浓度为15%~30%。漂白时用油漆刷将漂白剂涂于要褪色的木材面即可。为了加速木材中的色素分解,可在过氧化氢溶液中掺入适量氨水,浓度为25%,其掺量为过氧化氢溶液的5%~10%,氨水掺量不宜过多,过多会使木材色泽变黄,用这种方法处理的木材表面经过2~3d就会显得白净,而且无需将漂白剂洗掉。

2.草酸法漂白

使用草酸漂白,要预先配好以下三种溶液(重量配合比):

(1)结晶草酸:水=7:100。

(2)结晶硫代硫酸钠(俗称大苏打、海波):水=7:1000。

(3)结晶硼砂:水=2.5:100。

配制上述三种溶液时,均用蒸馏水加热至70℃左右,在不断搅拌下,将事先称好的药品放入蒸馏水中,继续搅拌直至完全溶解,待溶液冷却后使用。漂白后用清水洗涤并擦拭干净。

第三节　金属面基层处理

钢材等各种金属材料容易受到外界有害介质的侵蚀,同时又要受氧气、风、雨、雪、雾、霜、露等的侵蚀,这种侵蚀的过程叫锈蚀。氧化的产物叫"氧化皮"。由强腐蚀性化学介质所引起的侵蚀破坏叫作腐蚀。

金属特别是钢铁制品在涂饰前必须将其表面的油脂、锈蚀、氧化皮、焊渣、型砂等异物清除干净,否则会阻碍涂层与金属基体的附着力,同时还会造成涂层不平、起泡、龟裂、剥落。特别是锈蚀,如不清除干净,它将在涂层下蔓延,涂层不仅完全起不到保护金属的作用,而且失去装饰的意义。因此，必须认真除锈。

一、手工处理

用铲刀、刮刀、斩锤、钢丝刷、铁砂布靠手工斩、铲、刷、磨，除去锈蚀和尘土等黏附杂质。对一般浮锈先用钢丝刷刷净后，再用铁砂布打磨光亮；如果锈蚀严重就要先用铲刀、刮刀除去锈斑，再用铁砂布打磨；如有电焊渣要用斩锤斩去；如有油迹可用汽油或松香水洗净。注意除锈以后应立即施涂一遍防锈漆，因为除锈后的钢材面更容易再次生锈。

二、机械处理

用压缩空气将石英砂或粗黄砂喷出，高速冲击铁件表面来达到除锈目的。

三、化学处理

酸溶液与金属发生化学反应，使氧化物从金属表面脱落，从而达到除锈的目的。化学除锈特别适用于造型复杂的小物件。化学除锈一般采用酸洗。

第四节　石灰砂浆、混凝土面基层处理

除木质面基层、金属面基层外，施工中常见的基层还有水泥砂浆及混凝土基层（包括水泥砂浆、水泥白灰砂浆、现浇混凝土、预制混凝土板材及块材）、加气混凝土及轻混凝土类基层（包括由这类材料制成的板材及块材）、水泥类制品基层（包括水泥石棉板、水泥木丝板、水泥刨花板、水泥纸浆板、硅酸钙板）、石膏类制品及灰浆基层（包括纸面石膏板等石膏板材、石膏灰浆板材）、石灰类抹灰基层（包括白灰砂浆及纸筋灰等石灰抹灰层、白云石灰浆抹灰层、灰泥抹灰层）。这些基层的组成成分不同，要根据基层的不同情况，采取不同的处理方法。

一、清理、除污

对于灰尘，可用扫帚、排笔清扫。对于黏附于墙面的砂浆、杂物以及凸起明显的尖棱、鼓包，要用铲刀、錾子铲除、剔凿或用手砂轮打磨。对于油污、脱模剂，要先用 5%～10%浓度的氢氧化钠溶液（俗称火碱

水)清洗,然后用清水洗净。对于析盐、泛碱的基层,可先用3%的草酸溶液清洗,然后再用清水清洗。基层的酥松、起皮部分也必须去掉,并进行修补。外露的钢筋、铁件应磨平、除锈,然后做防锈处理。

二、修补、找平

修补、找平是在已经清理干净的基层上,对于基层的缺陷、板缝以及不平整、不垂直处采用刮批腻子的方法予以平整,对于表面强度较低的基层(如圆孔石膏板)还应涂增强底漆。

1.混凝土基层

如果是反打外墙板,由于表面平整度好,一般用水泥腻子填平修补好表面缺陷后便可直接涂饰。内墙做一般的浆活或涂刷涂料。为增加腻子与基层的附着力,要先用4%的聚乙烯醇溶液或30%的108胶液,或20%的乳液水喷刷于基层,晾干后刮批大白腻子、石膏腻子或821腻子。

2.抹灰基层

由于涂料对基层含水率的要求较严格,一般抹灰基层,均要经过一段时间的干燥,一般采用自然干燥法。对于裂纹,要用铲刀开缝成 V 形,然后用腻子嵌补。

3.各种板材基层

有纸石膏板、无纸石膏板、菱镁板、水泥刨花板、稻草板等轻质内隔墙,其表面质量和平整度一般都不错,对于这类墙面,除采取汁胶刮腻子的方法处理基层外,特别要处理好板间拼接的缝隙,以及防潮、防水的问题。

板缝处理:以有纸石膏板及无纸圆孔石膏板板缝处理为例,有明缝和无缝两种做法。明缝做法见图 5-1。无缝做法见图 5-2。

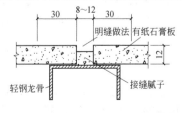

图 5-1　明缝做法

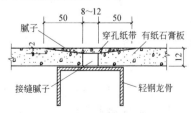

图 5-2　无缝做法

4.中和处理

对于碱性强的基层，在涂油漆前，必须做中和处理。方法如下。

（1）新的混凝土和水泥砂浆表面，用5％的硫酸锌溶液清洗碱质，1d后再用水清洗，待干燥后，方可涂漆。

（2）如急需涂漆，可采用15％～20％浓度的硫酸锌或氯化锌溶液，涂刷基层表面数次，待干燥后除去析出的粉末和浮粒，再行涂漆。如采用乳胶漆进行装饰，则水泥砂浆抹完后一个星期左右，即可涂漆。

（3）防潮处理一般采用涂刷防潮涂层的办法，但需注意以不影响饰面涂层的黏附性和装饰质量为准。一般起居室的大面墙多不做防潮处理，防潮处理主要用于厨房、厕所、浴室的墙面及地下室等。

（4）纸面石膏板的防潮处理，主要是对护纸面进行处理。通常是在墙面刮腻子前用喷浆器（或排笔）喷（或刷）一道防潮涂料。防潮涂料涂刷时均不允许漏喷、漏刷，并注意石膏板顶端也应做相应的防潮处理。

第五节　旧涂膜处理

旧涂膜基层处理，实际上就是清除旧涂膜。对旧涂膜可根据其附着力的强弱和表面强度的大小，决定是全部清除还是局部清除。

对于涂层并没有老化，只是因为需要更新而重新施涂的，要考虑其新旧涂膜的相容性。如果相容性好，只要将旧涂膜表面清洗干净，就可以涂刷涂料，一般同品种高分子成膜物质都具有相容性。不相容的要进行全部清除。处理方法如下。

一、火喷法

一般适用于金属面和抹灰面。用喷灯将旧涂膜烧化烤焦，边喷边用铲刀刮除涂膜。烧与铲刮要密切配合，待涂膜烧焦后立即刮去，等冷却后则不易铲刮。同时要注意防火。

二、刀铲法

一般适用于疏松、附着力已很差的旧涂膜。先用铲刀、刮刀刮涂膜，待大部分涂膜除去后，可用钢丝板刷刷，然后再用铁砂布打磨干净。

三、碱洗法

一般适用于木材面。用氢氧化钠溶液,其浓度以能粘起旧涂膜为准。为了达到溶液滞流效果,可往溶液中加入适量生石灰,将其涂刷在旧涂膜上,反复几次,直至涂膜松软,用清水冲洗干净。如要加快脱漆速度可将氢氧化钠溶液加热。脱漆后要注意必须用清水冲洗干净,否则将影响重新涂饰的质量。

四、脱漆剂法

使用脱漆剂时,开桶后要充分搅拌,用油漆刷将脱漆剂刷在旧涂膜上。多刷几遍,待 10min 后,旧涂膜膨胀软化,再用铲刀将其刮去,然后,用酒精或汽油擦洗,将残存的脱漆剂(主要是石蜡成分)洗干净,否则会影响新涂膜的干燥、光泽以及附着力。另外,因强溶剂挥发快,毒性大,操作中要做好防毒和防火工作。

五、旧基层的处理方法

在旧漆膜上重新涂漆时,可视旧漆膜的附着力和表面硬度来确定是否需要全部清除。如附着力不好,已出现脱落现象,则要全部清除。如旧漆膜附着力很好,用一般铲刀刮不掉,用砂纸打磨时声音发脆并有清爽感觉时,只需用肥皂水或稀碱水溶液清洗擦干净即可,不必全部清除。如涂刷硝基清漆,则最好将旧漆膜全部清除(细小修补例外)。

旧漆膜不全部清除而需重新涂漆时,除按上述办法清洁干净外,还应经过刷清油、嵌批腻子、打磨、修补油漆等工序,做到与旧漆膜平整一致,颜色相同。

1.旧漆膜的清除

(1)刀刮法。用金属锻成圆形弯刀(有 40cm 的长把),磨快刀刃,一手扶把,一手压住刀刃,用力刮铲。还有把刀头锻成直的,装上60cm的长把,扶把刮铲。这种方法较多地用于处理钢门窗和桌椅类物件。

(2)脱漆膏法。脱漆膏的配制方法有以下三种。

第一,氢氧化钠水溶液(1∶1)4 份、土豆淀粉 1 份、清水 1 份,一面混合一面搅拌,搅拌均匀后再加入 10 份清水搅拌 5~10min。

第二,碳酸钙 6~10 份、碳酸钠 4~7 份、生石灰 12~15 份、水 80

份,混成糊状。

使用时,将脱漆膏涂于旧漆膜表面 2～5 层,待 2～3h 后,漆膜即破坏,用刀铲除或用水冲洗掉。如旧漆膜过厚,可先用刀开口,然后涂脱漆膏。

第三,将氢氧化钠 16 份溶于 30 份水中,再加入 18 份生石灰,用棍搅拌,并加入 10 份润滑油,最后加入碳酸钙 22 份。

(3)火喷法。用喷灯火焰烧旧漆膜,喷灯火焰烧至漆膜发焦时,再将喷灯向前移动,立即用铲刀刮去已烧焦的漆膜。烧与刮要密切配合,不能使它冷却,因冷却后刮不掉。烧刮时尽量不要损伤物件的本身,操作者两手的动作要合作紧凑。

(4)碱水清洗法。把少量氢氧化钠(火碱)溶解于清水中,再加入少量石灰配成氢氧化钠溶液(浓度要经过试验,以能吊起旧漆膜为准)。用旧排笔把氢氧化钠溶液刷在旧漆膜上,等面上稍干燥时再刷一遍,最多刷 4 遍。然后,用铲刀将旧漆膜全部刮去,或用硬短毛旧油刷或揩布蘸水擦洗,再用清水(最好是温水)把残存的碱水洗净。这种方法常用于处理门窗等形状复杂、面积较小的物件。

(5)摩擦法。把浮石锯成长方形块状,或用粗号磨石蘸水打磨旧膜,直到全部磨去为止,这种方法适用于清除天然漆旧漆膜。

2.旧浆皮的清除

在刷过粉浆的墙面、平顶及各种抹灰面上重新刷浆时,必须把旧浆皮清除掉。清除方法是先在旧浆皮面上刷清水,然后用铲刀刮去旧浆皮。因浆皮内还有部分胶料,经清水溶解后容易刮去。

如果旧浆皮是石灰浆一类,就要根据不同的底层采取不同的处理方法。底层是水泥或混合砂浆抹面的,则可用钢丝刷擦刮。如是石灰膏一类抹面的,可用砂纸打磨或铲刀刮。石灰浆皮较牢固,刷清水不起作用。任何一种擦刮都要注意不能损伤底层抹面。

3.旧墙面的处理

(1)对于施涂了聚乙烯醇水玻璃内墙涂料的旧墙面,应清除浮灰,保持光洁。表面若有高低不平、小洞或其他缺陷,要进行批嵌后再涂刷,以使整个墙面平整,确保涂料色泽一致,光洁平滑。批嵌用的腻子,一般采用5%羟甲基纤维素加95%水,隔夜溶解成水溶液(简称化学浆糊),再加老粉调和后批嵌。在喷刷过大白浆或干墙粉的墙面上涂刷时,应先铲除干净(必要时要进行一度批嵌)后,方可涂刷,以免产生起壳、翘皮等缺陷。

(2)"幻彩"涂料复层施工的旧墙面,可视墙面的条件区别处理。

旧墙面为油性涂料时,可用细砂布打磨旧涂膜表面,然后清除浮灰和油污等。

旧墙面为乳液型涂料时,应检查墙面有无酥松和起皮脱落处,全面清除浮灰、油污等并用双飞粉和胶水调成腻子修补墙面。

旧墙面多裂纹和凹坑时,用白乳胶,再加双飞粉和白水泥调成腻子补平缺陷,干燥后再满批一层腻子抹平基面。

(3)旧墙基层处理。旧墙基层裱糊墙纸,对于凹凸不平的墙面要修补平整,然后清理浮灰、油污、砂浆粗粒等。对修补过的接缝、麻点等,应用腻子刮平,再根据墙面平整光滑的程度决定是否再满刮腻子。对于反碱部位,宜用9%稀醋酸中和、清洗。表面有油污的,可用碱水(1∶10)刷洗。对于脱灰、孔洞处,须用聚合物水泥砂浆修补。对于附着牢固、表面平整的旧溶剂型涂料墙面,应进行打毛处理。

六、其他基层处理特性及要求

水泥砂浆及混凝土基层。包括水泥砂浆、水泥白灰砂浆、现浇混凝土、预制混凝土板材及块材。

加气混凝土及轻混凝土类基层。包括这类材料制成的板材及块材。

水泥类制品基层。包括水泥石棉板、水泥木丝板、水泥刨花板、水泥纸浆板、硅酸钙板。

石膏类制品及灰浆基层。包括纸面石膏板等石膏板材、石膏灰浆板材。

石灰类抹灰基层。包括白灰砂浆及纸筋灰等石灰抹灰层、白云石灰浆抹灰层、灰泥抹灰层。

这些基层的成分不同,施工方法不同,故其干燥速度、碱度、表面光洁度都有区别。应根据基层的不同情况,采取不同的处理方法。

1.各种基层的特性

各种基层的成分及特性见表 5-2。

表 5-2 各种基层的成分及特征

基层种类	主要成分	特 征		
		干燥速度	碱性	表面状态
混凝土	水泥、砂石	慢,受厚度和构造制约	大,进行中和需较长的时间,内部析出的水呈碱性	粗,吸水率大
轻混凝土	水泥、轻骨料、轻砂或普通砂	慢,受厚度和构造影响	大,进行中和需较长的时间,内部析出的水呈碱性	粗,吸水率大
加气混凝土	水泥、硅砂、石灰、发泡剂	—	多呈碱性	粗,有粉化表面,强度低、吸水率大
水泥砂浆(厚度 10～25mm)	水泥、砂	表面干燥快,内部含水率受主体结构的影响	比混凝土大,内部析出的水呈碱性	有粗糙面、平整光滑面之分,其吸水率各不相同
水泥石棉板	水泥、石棉	—	极大,中和速度非常慢	吸水不均匀
硅酸钙板	水泥、硅砂、石灰、消石灰、石棉	—	呈中性	脆而粉化,吸湿性非常大
石膏板	半水石膏	—	—	吸水率很大,与水接触的表面不得使用
水泥刨花板	水泥、刨花	—	呈碱性	粗糙,局部吸水不均,渗出深色树脂
麻刀灰抹面(厚度 12～18mm)	消石灰、砂、麻刀	非常慢	非常大,进行中和需较长时间	裂缝多

续表

基层种类	主要成分	特　征		
		干燥速度	碱性	表面状态
石膏灰泥抹面（厚度 12～18mm）	半水石膏、熟石灰、水泥、砂、白云石灰膏	易受基层影响	板材呈中性，混合石膏呈弱碱性	裂缝多
白云石灰泥抹面(厚度 12～18mm)	白云石灰膏、熟石灰、麻刀、水泥、砂	很慢	强，需要很长时间才能中和	裂缝多，表面疏密不均，明显呈吸水不均匀现象

2.对基层的基本要求

无论何种基层，经过处理后，涂饰前均应达到以下要求。

(1)基层表面必须坚实，无酥松、粉化、脱皮、起鼓等现象。

(2)基层表面必须清洁，无泥土、灰尘、油污、脱膜剂、白灰等影响涂料黏结的任何杂物、污迹。

(3)基层表面应平整，角线整齐，但不必过于光滑，以免影响黏结。

(4)无较大的缺陷，如孔洞、蜂窝、麻面、裂缝、板缝、错台，无明显的补痕、接槎。

(5)基层必须干燥，施涂水性和乳液涂料时，基层含水率应在 10% 以下；施涂油漆等溶剂型涂料时要求基层含水率不大于 8%（不同地区可以根据当地标准执行）。

(6)基层的碱性应符合所使用涂料的要求。对于涂漆的表面，pH 值应小于 8。

3.处理要求

(1)清理、除污。对于灰尘，可用扫帚、排笔清扫。对于油污、脱膜剂，要先用 5%～10% 浓度的氢氧化钠溶液清洗，然后再用清水洗净。对于黏附于墙面的砂浆、杂物以及凸起明显的尖棱、鼓包，要用铲刀、錾子铲除、剔凿或用手砂轮打磨。对于析盐、反碱的基层可先用 3% 的草酸溶液清洗，然后再用清水清洗。基层的酥松、起皮部分也必须去掉，并进行修补。外露的钢筋、铁件应磨平、除锈，然后做防锈处理。

(2)修补、找平。在已经清理干净的基层上,对于基层的缺陷、板缝以及不平整、不垂直处大多采用刮批腻子的方法,对于表面强度较低的基层(如圆孔石膏板)还应涂增强底漆。对于有防潮、耐水、耐碱、耐酸、耐腐蚀等特殊要求的基层要另做特殊处理。

七、各种板材基层处理

有纸石膏板、无纸石膏板、水泥刨花板、稻草板等轻质内隔墙,其表面质量和平整度一般都不错。对于这类墙面,除采取汁胶刮腻子的方法处理基层外,特别要处理好板间拼接的缝隙,以及防潮、防水的问题。

1.板缝处理

以有纸石膏板及无纸圆孔石膏板板缝处理为例,有明缝和无缝两种做法。明缝一般采用各种塑料或铝合金嵌条压缝,也有采用专用工具勾成明缝的,见图5-3。无缝做法一般是先用嵌缝腻子将两块石膏板的拼缝嵌平,然后贴上约50mm宽的穿孔纸带或涂塑玻璃纤维网格布,再用腻子刮平,见图5-4。无纸圆孔石膏板的板缝一般不做明缝。具体做法是将板缝用胶水涂刷两道后,用石膏膨胀珍珠岩嵌缝腻子勾缝、刮平。腻子常用791胶来调制,对于有防水、防潮要求的墙面,板缝处理应在涂刷防潮涂料之前进行。

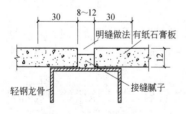

图5-3 明缝做法(单位:mm)

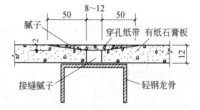

图5-4 无缝做法(单位:mm)

2.中和处理

对于碱性大的基层,在涂油漆前,必须做中和处理。方法如下。

(1)新的混凝土和水泥砂浆表面,用5%的硫酸锌溶液清洗碱质,1d后再用水清洗,待干燥后,方可涂漆。

(2)如急需涂漆,可采用15%~20%浓度的硫酸锌或氯化锌溶液,涂刷基层表面数次;待干燥后除去析出的粉末和浮粒,再行涂漆。如采用乳胶漆进行装饰,则水泥砂浆抹完后一个星期左右,即可涂漆。

(3)基层的碱性随着时间的推移,逐渐降低,具体施工时间可参照图5-5确定。若龄期足够,pH值已符合所使用的涂料要求,则不必另做中和处理。

(4)一般刷浆工程不必做此项处理。

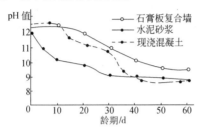

图5-5　碱性消失速度

八、基层防潮处理

一般采用涂刷防潮涂层的办法,但需注意以不影响饰面涂层的黏附性和装饰质量为准。一般居室的大面墙多不做防潮处理,防潮处理主要用于厨房、厕所、浴室的墙面及地下室等。

纸面石膏板的防潮处理,主要是对护纸面进行处理。通常是在墙面刮腻子前用喷浆器(或排笔)喷(或刷)一道防潮涂料。常用的防潮涂料有以下几种。

(1)乳化熟桐油。其质量配合比为熟桐油∶水∶硬脂酸∶肥皂＝30∶70∶0.5∶(1～2)。

(2)用硫酸铝中和甲基硅醇钠(pH值为8,含量为30%左右)。该涂料应当天配制当天使用,以免影响防潮效果。

(3)一些防水涂料,如LT防水涂料。

(4)汽油稀释的熟桐油。其配比为熟桐油∶汽油＝3∶7(体积比)。

(5)用10%浓度的磷酸三钠溶液中和氯—偏乳液。

采用无纸圆孔石膏板装修时,必须对表面进行增强防潮处理。可先涂刷LT底漆增强,再刮配套防水腻子。

以上防潮涂料涂刷时均不允许漏喷、漏刷,并注意石膏板顶端也需做相应的防潮处理。

第六章　油漆施工操作

第一节　硝基清漆理平见光及磨退施涂工艺

硝基清漆俗称蜡克,是以硝化棉为主要成膜物质的一种挥发性涂料。硝基清漆的漆膜坚硬耐磨,易抛光打蜡,使漆膜显得丰满、平整、光滑。硝基清漆的干燥速度快,施工时涂层不易被灰尘污染,有利于维持表面质量。

硝基清漆理平见光工艺是一种透明涂饰工艺,采用这种工艺来涂饰木面,不仅能保留木材原有的特征,而且能使它的纹理更加清晰、美观。

一、施工工序

基层处理→刷第一遍虫胶清漆→嵌补虫胶腻子→润粉→刷第二遍虫胶清漆→刷水色→刷第三遍虫胶清漆→拼色、修色→刷、揩硝基清漆→用水砂纸湿磨→抛光。

二、施工要点

1. 基层处理

(1)清理基层。将木面上的灰尘掸去,刮掉墨线、铅笔线及残留胶液,一般的残留物可用玻璃轻轻刮掉。白坯表面的油污可用布团蘸肥皂水或碱水擦洗,然后用清水洗净碱液。经过上述处理后,用 1 号或 $1\frac{1}{2}$ 号砂纸干磨木面。打磨时,可将砂纸包着木块,顺木纹方向依次全磨。

(2)脱色。有些木材遇到水及其他物质会变颜色;有的木面上有色斑,造成物面上颜色不均,影响美观,需要在涂刷油漆前用脱色剂对材料进行局部脱色处理,使物面上颜色均匀一致。

使用脱色剂,只需将剂液刷到需要脱色的原木材表面,经过 20～30min 木材就会变白,然后用清水将脱色剂洗净即可。常用的脱色剂为双氧水与氨水的混合液,其配合比(质量比)为过氧化氢(水氧水)

（30％浓度）：氨水（25％浓度）：水＝1：0.2：1。

一般情况下木材不进行脱色处理,只有当涂饰高级透明油漆时才需要对木材进行局部脱色处理。

（3）除木毛。木材经过精刨及砂纸打磨后,已获得一定的光洁度,但有些木材经过打磨后会有一些细小的木纤维（木毛）松起,这些木毛一旦吸收水分或其他溶液,就会膨胀竖起,使木材表面变得粗糙,影响下一步着色和染色的均匀。

去除木毛可用湿法或火燎法。湿法是用干净毛巾或纱布蘸温水揩擦白坯表面,管孔中的木毛吸水膨胀竖起,待干后通过打磨将其磨除。火燎法是用喷灯或用排笔在白坯面上刷一道酒精,随即用火点着,木毛经火燎变得脆硬,便于打磨。用火燎法时切记加强防范,以免事故发生。

2. 刷第一遍虫胶清漆

木面经过除木毛处理后,大部分木毛被除去,但往往会有少量木毛被压嵌在管孔中而不能除尽,需要进一步采取措施。在白坯面上刷头道虫胶清漆,漆中酒精快速蒸发后在面上干燥成膜,残余的木毛随着虫胶液的干燥而竖起,变硬变脆,这就为用砂纸打磨清除木毛创造了有利条件。刷头道虫胶清漆的另一个重要作用是封闭底面。白坯表面有了这层封闭的漆膜,可降低木材吸收水分的能力,减少纹理表面保留的填孔料,为下道工序打好基础。

头道虫胶清漆的浓度可小些,一般为1：5。虫胶清漆的选用要顾及饰面对颜色的要求,浅色饰面可用白虫胶清漆。刷虫胶清漆要用柔软的排笔,顺着木纹刷,不要横刷,不要来回多理（刷）,以免产生接头印。刷虫胶清漆要做到不漏、不挂、不过棱、无泡眼,注意随手做好清洁工作。

待干燥后用0号木砂纸或已用过一次的旧砂纸,在刷过头道虫胶清漆的物面上顺木纹细心地全磨一遍,磨到即可,切勿将漆膜磨穿,以免影响质量。

3. 嵌补虫胶腻子

将木材表面的虫眼、钉眼、缝隙等缺陷用调配成与木基同色的虫胶腻子嵌补。考虑到腻子干后会收缩,嵌补时要求填嵌丰满、结实,要略高于物面,否则一经打磨将呈凹状。嵌补的面要尽量小,注意不要嵌成半实眼,更不要漏嵌。

待腻子干燥后用旧木砂纸将嵌补的腻子打磨平整光滑,掸净尘土。

4. 润粉

润粉是为了填平管孔和对物面着色。通过润粉这道工序,可以使木面平整,也可调节木面颜色的差异,使饰面的颜色符合要求。

润粉所用的材料有水老粉和油老粉两种。

润粉要准备两团细软竹丝或洁净的白色精棉纱(不能用油回丝),一团蘸润粉,一团最后作揩净用。揩擦时可做圆周运动。将粉充分填入管孔内,趁粉尚未干燥用干净的竹丝将多余的粉揩去,否则一旦粉干,再揩容易将管孔内的粉质揩掉,同时影响饰面色泽的均匀度。揩擦要做到用力大小一致,将粉揩擦均匀。当揩擦线条多的部位时,除将表面揩清外,要用铲刀将凹处的积粉剔除。润粉层干透后,用旧砂纸细细打磨,磨去物面上少许未揩净的余粉,掸扫干净。

5. 刷第二遍虫胶清漆

第二遍虫胶清漆的浓度为1:4。刷漆时要顺着木纹方向由上至下、由左至右、由里到外依次往复涂刷均匀,不出现漏刷、流挂、过棱、泡痕,榫眼垂直相交处不能有明显刷痕,不能留下刷毛。漆膜干后要用旧砂纸轻轻打磨一遍,注意棱角及线条处不能砂白。

6. 刷水色

刷水色是把按照样板色泽配制好的染料刷到虫胶清漆涂层上。

大面积刷水色时,先用排笔或油漆刷将水色在物面上涂满,然后用油漆刷横理,再顺木纹方向轻轻收刷均匀,不许有刷痕,不准有流挂、过棱现象。小面积及转角处刷水色时,可用精回丝揩擦均匀。当上色过程中出现颜色分布不均或刷不上色时(即"发笑"),可将漆刷在肥皂上来回摩擦几下,再蘸水色涂刷,即可消除"发笑"现象。

刷过水色的物面要注意防止水或其他溶液的溅污,也不能用湿手(或汗手)触摸,以免破坏染色层,造成不必要的返工。

7.刷第三遍虫胶清漆

与刷第二遍虫胶清漆的方法相同。

8.拼色、修色

经过润粉和刷水色,物面上会出现局部颜色不均匀的毛病。一方面是由于木材本身的色泽可能有差异,另一方面涂刷技术欠佳也会造成色差。色差需要调整,修整色差这道工序称为拼色。

拼色时,先要调配好含有着色颜料和染料的酒色,用小排笔或毛笔对色差部位仔细地修色。拼色需要有较高的技巧,只有经过较长时间的操作,才能熟练掌握拼色技术。修色时用力要轻,结合处要自然。对一些钉眼等缺陷处存在色差的用小毛笔修补一致,使整个物面成色统一。

拼色后的物面待干燥后同样要用砂皮细磨一遍,将黏附在漆膜上的尘粒和笔毛磨去。注意打磨要轻,不要损坏漆膜。

9.刷、揩硝基清漆

(1)刷涂硝基清漆。在打磨光洁的漆膜上用排笔涂刷两遍或两遍以上硝基清漆。刷漆用的排笔不能脱毛,操作方法与刷虫胶清漆相同。注意硝基清漆挥发性极快,如发现有漏刷,不要忙着去补,可在刷下一道漆时补刷。垂直涂刷时,排笔蘸漆要适量,以免产生流挂,对脱毛要及时清除,刷下一道漆应待上道漆干燥后方可进行。

(2)揩涂硝基清漆。为了使硝基清漆漆膜平整光滑,光用涂刷是不够的,还需要在涂刷后进行几次揩涂。揩涂使用的工具是棉花团,它是用普通棉花或尼龙丝裹上细布或纱布而制成的。用普通棉花做成的棉花团的弹性不如用尼龙丝做的棉花团的弹性好。尼龙丝做的棉花团不易黏结变硬,揩涂质量好,能长期使用。

棉花团做法简单,只要裁一块 25cm×25cm 的白纱布或白细布,中间放一团旧尼龙丝(要干净,不能含有杂物),将布角折叠,提起拧紧即成。一个棉花团只能蘸一种涂料,棉花团使用后要放到密封器中,保持干净,不要干结,以利再用。

用棉花团揩涂硝基漆的形式有横涂、理涂、圈涂三种。

揩涂硝基漆时应注意以下几点。

1)每次揩涂不允许原地多次往复,以免损坏下面未干透的漆膜,造成咬起底层。

2)移动棉花球团切忌中途停顿,否则会溶解下面的漆膜。

3)用力要一致,手腕要灵活,站位要适当。

当揩涂最后一遍时,应适当减少圈涂和横涂的次数,增加直涂的次数,棉花团蘸漆量也要少些。最后4次或5次揩涂所用的棉花团要改用细布包裹,此时的硝基漆要调得稀些,而揩涂时的压力要大而均匀,要理平、拔直,直到漆膜光亮、丰满,理平见光工艺至此结束。

为保证硝基清漆的施工质量,操作场地必须保持清洁,并尽量避免在潮湿天气或寒冷天施工,防止泛白。

10. 用水砂纸湿磨

为了提高漆膜的平整度、光洁度,先用水砂纸湿磨,然后再抛光,使漆膜具有镜面般的光泽。

湿磨时可加少量肥皂水砂磨,因肥皂水润滑性好,能减少漆尘的黏附,保持砂纸的锋利,效果也比较好。

手工进行水砂纸打磨的操作方法与白坯打磨相仿。先用清水将物面揩湿,涂一遍肥皂水,用400号水砂纸包着木块顺纹打磨,消除漆膜表面的凹凸不平,磨平棕眼,后用600号水砂纸细磨,然后用清水洗净揩干。经过水砂纸打磨后的漆膜表面应平整光滑,显文光,无砂痕。

11. 抛光

经过水砂纸湿磨后,会使漆面现出文光,必须经过抛光这道工序,才能达到光亮。

手工抛光一般分三个步骤。

(1)擦砂蜡。用精回丝蘸砂蜡,顺木纹方向来回擦拭,直到表面显出光泽。但不能长时间在局部擦拭,以免因摩擦产生过高热量使漆膜软化受损。

(2)擦煤油。当漆膜表面擦出光泽时,用精回丝将残留的砂蜡揩净,再用另一团精回丝蘸上少许煤油顺相同方向反复揩擦,直至透亮,最后用干净精回丝揩净。

(3)抹上光蜡。用清洁精回丝涂抹上光蜡,随即用清洁精回丝揩擦,此时漆膜会变得光亮如镜。

三、清漆涂饰的质量要求

清漆涂饰的质量要求和检验方法见表 6-1。

表 6-1　　　　　　　　清漆涂饰的质量要求和检验方法

项次	项　目	普通涂饰	高级涂饰	检验方法
1	颜色	基本一致	均匀一致	观察
2	木纹	棕眼刮平、木纹清楚	棕眼刮平、木纹清楚	观察
3	光泽、光滑	光泽基本均匀,光滑无挡手感	光泽均匀一致光滑	观察、手摸检查
4	刷纹	无刷纹	无刷纹	观察
5	裹棱、流坠、皱皮	明显处不允许	不允许	观察

四、成品保护

(1)涂刷门窗油漆时,为避免扇框相合粘坏漆皮,要用楗钩或木楔将门窗扇固定。

(2)无论是刷涂还是喷涂,为防油漆越界污染,均应做好对不同色调、不同界面的预先遮盖保护。

(3)为防止五金污染,除了操作要细和及时将小五金等的污染处清理干净外,应尽量后装门锁、拉手和插销等(但可以事先把位置和门锁孔眼钻好),确保五金洁净美观。

第二节　各色聚氨酯磁漆刷亮与磨退工艺

各色聚氨酯磁漆,又称聚氨酯彩色涂料,属于聚氨基甲酸酯漆。该涂料的涂膜具有色彩品种多、坚硬光亮、附着力强、耐水、防潮、防霉、耐油、耐酸碱等特点,可用于室内木装饰和家具的装饰保护性涂层。对木基层的要求较低。其施涂操作方法也略不同于聚氨酯清漆的施涂方法。

一、施工工序

基层处理→施涂底油→嵌批石膏油腻子两遍及打磨→施涂第一遍聚氨酯磁漆及打磨→复补聚氨酯磁漆腻子及打磨→施涂第二、第三遍聚氨酯磁漆→打磨→施涂第四遍聚氨酯磁漆(刷亮工艺罩面漆)→磨光→施涂第五、第六遍聚氨酯磁漆(磨退工艺罩面漆)→磨退→抛光→打蜡。

二、施工要点

1. 基层处理

详见本章第一节第二条"基层处理"的方法,要求平整光滑。

2. 施涂底油

基层处理后,可涂刷底油(醇酸清漆∶松香水＝1∶2.5)一遍。该底油较稀薄,故能渗透进木材内部,起到防止木材受潮变形、增强防腐的作用,并使后道嵌批的腻子及施涂的聚氨酯磁漆能很好地与底层黏结。

3. 嵌批石膏油腻子两遍及打磨

待底油干透后嵌批石膏油腻子两遍。石膏油腻子干透后,应用1号或 $1\frac{1}{2}$ 号木砂纸打磨,将木面打磨平整,揸抹干净。

4. 施涂第一遍聚氨酯磁漆及打磨

各色聚氨酯磁漆由双组分(即甲、乙组分)组成,使用前应仔细阅读说明书,必须将两组分按比例调配,混合后必须充分搅拌均匀,其配方调配时应按所需量进行配制,否则,用不完会固化而造成浪费。施涂工具可用油漆刷或羊毛排笔。施涂时先上后下、先左后右、先难后易、先外后里(窗),要涂刷均匀,无漏刷和流挂等。

待第一遍聚氨酯磁漆干燥后,用1号木砂纸轻轻打磨,以磨掉颗粒,以不伤漆膜为宜。

5. 复补聚氨酯磁漆腻子及打磨

表面如还有洞、缝等细小缺陷就要用聚氨酯磁漆腻子复补平整,干透后用1号木砂纸打磨平整,并揸抹干净。

6.施涂第二、第三遍聚氨酯磁漆

施涂第二、第三遍聚氨酯磁漆的操作方法同前。待第二遍磁漆干燥后也要用 1 号木砂纸轻轻打磨并掸干净后,再施涂第三遍聚氨酯磁漆。

7.打磨

待第三遍聚氨酯磁漆干燥后,要用 280 号水砂纸将涂膜表面的细小颗粒和油漆刷毛等打磨平整、光滑,并掸抹干净。

8.施涂第四遍聚氨酯磁漆

施涂物面要求洁净,不能有灰尘,排笔和盛漆的容器要干净。施涂第四遍聚氨酯磁漆的方法与前几次基本相同,施涂要求达到无漏刷、无流坠、无刷纹、无气泡。

各色聚氨酯磁漆刷亮的整个操作工艺到此完成。如果是各色聚氨酯磁漆磨退工艺,还要增加以下工序。

9.磨光

待第四遍聚氨酯磁漆干透后,用 280～320 号水砂纸打磨平整,打磨时用力要均匀,要求把大约 80% 的光磨倒,打磨后掸净浆水。

10.施涂第五、第六遍聚氨酯磁漆

涂刷第五、第六遍聚氨酯磁漆是磨退工艺的最后两遍罩面漆,其涂刷操作方法同上。同时,也要求第六遍面漆是在第五遍漆的涂膜还没有完全干燥透的情况下接连涂刷,以利于涂膜丰满平整,在磨退中不易被磨穿和磨透。

11.磨退

待罩面漆干透后用 400～500 号水砂纸蘸肥皂水打磨,要求用力均匀,达到平整、光滑、细腻,把涂膜表面的光泽全部磨倒,并掸抹干净。

12.抛光、打蜡

其操作方法与聚氨酯清漆的抛光、打蜡方法相同。

13.施工注意事项

(1)使用各色聚氨酯磁漆时,必须按规定的配合比来调配,并应注意在不同的施工操作方法或环境气候条件下,适当调整甲、乙组分的用量。

(2)调配各色聚氨酯磁漆时,甲、乙组分混合后,应充分搅拌均匀,静置15~20min,待小泡消失后才能使用。同时要正确估算用量,避免浪费。

(3)涂刷要均匀,宜薄不宜厚,每次施涂、打磨后,都要清理干净,并用湿抹布揩抹干净,待水渍干后才能进行下道工序。

(4)施工时湿度不能太大,否则易产生泛白、失光。

三、各色聚氨酯磁漆涂饰质量要求

各色聚氨酯磁漆的涂饰质量和检验方法应符合表6-2的规定。

表6-2　　　　　　　各色漆氨酯磁漆的涂饰质量和检验方法

项次	项　目	普通涂饰	高级涂饰	检验方法
1	颜色	均匀一致	均匀一致	观察
2	光泽、光滑	光泽基本均匀,光滑无挡手感	光泽均匀一致	观察、手摸检查
3	刷纹	刷纹通顺	无刷纹	观察
4	裹棱、流坠、皱皮	明显处不允许	不允许	观察
5	装饰线、分色线直线度允许偏差	2mm	1mm	拉5m线,不足5m拉通线,用钢直尺检查

第三节　喷漆施工工艺

喷漆施工工艺的特点是涂膜光滑平整、厚薄均匀一致,装饰性极好,在质量上是其他施涂方法所不能比拟的。同时它适用于不同的基层和各种形状的物面,对于被涂物面的凹凸、曲折倾斜、洞缝等复杂结构,都能喷涂均匀。特别是对大面积或大批量施涂,喷漆可以大大提高工效。

但喷漆也有不足之处,需要操作人员采取对策来弥补。喷涂时易浪费一部分材料;一次不能喷得过厚,而需要多次喷涂;飘散的溶剂,易污染环境。

一、施工工序

基层处理→喷涂第一遍底漆→嵌批第一、第二遍腻子及打磨→喷涂第二遍底漆→嵌批第三遍腻子及打磨→喷涂第三遍底漆及打磨→喷涂两或三遍面漆及打磨→擦砂蜡→上光蜡。

二、施工要点

1. 基层处理

喷漆的基层处理和涂料施涂工艺的基层处理方法相同,但喷漆涂层较薄,因而要求更严格。这里详细介绍金属面的基层处理。

金属面的基层处理,可分为手工处理、化学处理和机械处理三种,建筑工程上普通采用的是手工处理方法。

(1)手工处理是用油灰刀和钢丝刷将物面上的锈纹、氧化层及残存铸砂刮擦干净,用铁锤将焊缝的焊渣敲掉,再用 1 号铁砂布全部打磨一遍,把残余铁锈全部打磨干净,并将铁锈、焊渣、灰尘及其他污物掸扫干净,然后用汽油或松香水清洗,将所有的油污擦洗干净。

(2)化学处理是使酸溶液与金属氧化物发生化学反应,使氧化物从金属表面脱落下来,从而达到除锈的目的。一般是用 $15\%\sim20\%$ 的工业硫酸和 $85\%\sim80\%$ 清水混合配成稀硫酸溶液。配制时应注意,要把硫酸倒入水中,而不能把水倒入硫酸中,否则会引起爆炸。然后将金属构件放入硫酸溶液中浸泡 $10\sim20$ min,直至彻底除锈。取出后用清水冲洗干净,再用 10% 浓度的氨水或石灰水浸泡一次,进行中和处理,再用清水洗净,晾干待涂。

(3)机械处理常用的工具有喷砂、电动刷、风动刷、铲枪等。喷砂是用压缩空气用石英砂喷打物面,将锈皮、铸砂、氧化层、焊渣除净,再清洗干净。这种处理方法比手工处理好,因物面经喷打后呈粗糙状,能增强底漆的附着力。

电动刷由钢丝刷盘和电动机两部分组成,风动刷由钢丝刷盘和风动机两部分组成,它们的不同只是风力与电力的区别。这种工具是借助于机械力的冲击和摩擦,达到去除锈蚀和氧化铁皮的目的,它同手工钢丝刷相比,其除锈质量好、工效高。锈枪也是风动除锈工具,对去除金属的中锈和重锈能起到较好的效果。它的作用同手工油灰刀相似,但能提高工效和质量。

2.喷涂第一遍底漆

喷漆用的底漆种类很多,有铁红醇酸底漆、锌黄酚醛底漆、灰色酯胶底漆、硝基底漆等。其中铁红醇酸底漆具有较好的附着力和防锈能力,而且与硝基清漆的结合性能也比较好;对稀释剂的要求不高,一般的松香水、松节油都可用;不论施涂或喷涂都可使用,而且在常温下12~24h可干燥,故宜优先选用。

喷漆用的底漆都要稀释。在没有黏度计的情况下,可根据漆的重量掺入100%的稀释剂,以漆能顺利喷出为准,但不能过稀或过稠,因为过稀会产生流坠现象,而过稠则易堵塞喷枪嘴。不同喷漆所用的稀释剂不同,醇酸底漆可用松香水等稀释,而硝基纤维喷漆要用香蕉水稀释。掺稀调匀后要用120目铜丝箩或200目细绢箩过滤,除去颗粒或颜料细粒等杂物,以免在喷涂时阻塞喷嘴孔道,或造成涂层粗糙不平,影响涂膜的平整和光亮度,还浪费人工和材料,影响下道工序的顺利进行。

喷漆时喷枪嘴与物面的距离应控制在250~300mm,一般喷头遍漆时要近些,以后每道要略为远些。气压应保持在0.3~0.4MPa,喷头遍后逐渐减低;如用大喷枪,气压应为0.45~0.65MPa。操作时,漆雾喷出方向应垂直物体表面,每次喷涂应在前已喷过的涂膜边缘上重叠喷涂,以免漏喷或结疤。

3.嵌批第一、第二遍腻子及打磨

喷漆用的腻子由石膏粉、白厚漆、熟桐油、松香水等组成的,其配合比为石膏粉:白厚漆:熟桐油:松香水=3:1.5:1:0.6,调配时要加适量的水和液体催干剂。水的加入量应根据石膏材料的膨胀性、施工环境气温的高低、嵌批腻子的对象和操作方法等来决定。如空气干燥、温度高时可多加,环境潮湿或气温较低时少加,总之必须满足可塑性良好、干燥后干硬度较好的要求。而使用催干剂必须按季节、天气和气温来调节,一般用量不得超过桐油和厚漆重量的2.5%。

配制腻子时,应随用随配,不能一次配得太多,以免多余的腻子因迅速干燥而浪费掉。嵌批腻子时,平面处可采用牛角翘或油灰刀,曲面或棱角处则采用橡皮批板嵌批。喷漆工艺的腻子不能来回多刮,多刮会把腻子内的油挤出,把腻子面封住,使腻子内部不易干硬。

第一遍腻子嵌批时,不要收刮平整,应呈粗糙颗粒状,这样可以加快腻子内水分的蒸发,容易干硬。第一遍腻子干透后,先用油灰刀刮去表面不平处和腻子残痕,再用砂纸打磨平整并掸扫干净。接着批第二遍腻子,这遍腻子要调配得比第一遍稀些,以使嵌批后表面容易平整。干后再用砂纸打磨并掸扫干净。嵌批腻子时底漆和上道腻子必须充分干燥,因腻子刮在不干燥的底漆或腻子上,容易产生龟裂和气泡。当底漆因光度太大,而影响腻子附着力时,可用砂纸磨去漆面光度。如果嵌批时间过长,或天热气温高,腻子表面容易结皮,那么,可用布或纸在水中浸湿盖住腻子。

4.喷涂第二遍底漆

第二遍底漆要调配得稀一些,以增加后道腻子的结合能力。

5.嵌批第三遍腻子及打磨

待第二遍底漆干后,如发现还有细小洞眼,则须用腻子补嵌。腻子也要配得稀一些,以便补嵌整平。腻子干后用水砂纸打磨平整,清洗干净。

6.喷涂第三遍底漆及打磨

喷涂操作要点同前,干后用水砂纸打磨,再用湿布将物面擦净揩干。

7.喷涂两遍或三遍面漆及打磨

每一遍喷漆应横喷、直喷各一遍。喷漆在使用时同底漆一样,也要稀释,第一遍的黏度要小些,以使涂层干燥得快,不易使底漆或腻子黏起来,第二、第三遍的黏度可大些,以使涂层显得丰满。每一遍喷漆干燥后,都要用 320 号木砂纸打磨平整并清洗干净。最后还要用400~500号水砂纸打磨,使漆面光滑平整无挡手感,然后擦砂蜡。

8.擦砂蜡

在砂蜡内加入少量煤油,调配成糨糊状,再用干净的棉纱和纱布蘸蜡在漆面上用力摩擦,直到表面光亮一致无极光。然后用干净棉纱将残余砂蜡揩擦干净。

9.上光蜡

用棉纱头将光蜡敷于物面,要求全敷到,然后用绒布擦拭,直到出现闪光为止。

三、操作注意事项

(1)用凡士林、黄油把喷漆物件上的电镀品、玻璃、五金等不需喷漆部位涂盖,或用纸贴盖,如不小心将喷漆涂上要马上揩擦干净。此外凡士林、黄油也不能粘到需要喷漆的地方,否则会使涂膜黏结不牢而脱落,影响质量和美观。

(2)为避免涂膜脱落,则腻子面和喷漆面一定要保持清洁,不得沾上油污,或用油手抚摸。

(3)为避免在潮湿环境下喷漆而漆膜发白的状况,可在喷漆内加防潮剂,但用量不得过大,一般是涂料内稀释剂的 $5\% \sim 15\%$。如喷漆的物面已有发白现象,则可用稀释剂加防潮剂薄喷一遍,即可消除发白现象。

(4)喷漆用的气泵要有触电保护器,压力表要经计量检定合格并在有效期内。

(5)喷漆时要戴口罩,穿工作服等。

第四节 金属面色漆施涂工艺

一、工艺工序

在建筑工程中,金属面色漆的刷涂一般指对钢门窗、钢屋架、铁栏杆及镀锌铁皮制件等进行涂刷。

在金属面刷涂色漆主要是预防腐蚀,还有一定的装饰作用。其施涂方法与涂饰其他基层面大致相同。

金属表面施涂色漆的主要工序见表 6-3。

表 6-3　　　　　　　　　金属表面施涂色漆的主要工序

序号	工 序 名 称	普通油漆	中级油漆	高 级 油 漆
1	除锈、清扫、磨砂纸	+	+	+
2	刷涂防锈漆	+	+	+

续表

序号	工 序 名 称	普通油漆	中级油漆	高级油漆
3	局部刮腻子	＋	＋	＋
4	打磨	＋	＋	＋
5	第一遍刮腻子		＋	＋
6	打磨		＋	＋
7	第二遍刮腻子			＋
8	打磨			＋
9	第一遍刷漆	＋		＋
10	复补腻子			＋
11	打磨			＋
12	第二遍刷漆	＋	＋	＋
13	打磨		＋	＋
14	湿布擦净		＋	＋
15	第三遍刷漆		＋	＋
16	打磨(用水砂纸)			＋
17	湿布擦净			＋
18	第四遍刷漆			＋

注:①薄钢板屋面、檐沟、水落管、泛水等施涂油漆,可不刮腻子。施涂防锈漆不得少于
　　两遍。

　　②高级油漆磨退时,应用醇酸树脂漆施涂,并根据涂膜厚度增加1~3遍涂刷和磨退、打
　　砂蜡、打油蜡、擦亮的工序。

　　③金属构件和半成品安装前,应检查防锈漆有无损坏,损坏处应补刷。

　　④钢结构施涂油漆,应符合《钢结构工程施工质量验收规范》(GB 50205—2001)的有关
　　规定。

　　⑤"＋"表示应进行的工序。

二、钢门窗施涂

1. 工序及施涂工艺

钢门窗普通级、中级色漆施涂工艺见表6-4。

表 6-4　　　　　　　　　　　钢门窗色漆涂饰工艺

序号	工序名称	材　料	操　作　工　艺
1	处理基层	—	清除表面锈蚀、灰尘、油污、灰浆等污物,有条件也可采用喷砂法
2	施涂防锈漆	防锈漆	施涂工具的选用视物面大小而定。掌握适当的刷涂厚度,涂层厚度应一致
3	嵌批腻子	石膏粉:熟桐油=4:1或醇酸腻子:底漆:水=10:7:45	将砂眼、凹坑、缺棱、拼缝等处嵌补平整,腻子稠度适宜
4	打磨	1号砂纸	腻子干透后进行打磨,然后用湿布将浮粉擦净
5	满批腻子	同工序3用材料	要刮得薄而均匀,腻子要收干净,平整无飞刺
6	打磨	1号砂纸	腻子干后打磨,注意保护棱角,表面光滑平整、线角平直
7	刷第一遍油漆	铅油或醇酸无光调和漆	操作方法与用色漆施涂木门窗同
8	复补腻子	同工序3用材料	将仍有缺陷处批平
9	打磨	1号砂纸	同工序4
10	装玻璃	—	—
11	刷第二遍油	铅油	同工序7
12	清洁玻璃,打磨	1号砂纸或旧砂纸	将玻璃内外擦净,不要将漆膜磨穿
13	刷最后一道漆	调和漆	多刷、多理,涂刷均匀。涂刷油灰部位时应盖过油灰1~2mm,以利于封闭,涂刷完毕后应将门窗固定好

注:普通级油漆工程少刷一遍漆,不满批腻子。

2. 操作注意事项

(1)刷涂防锈漆保持厚度适中。铁红防锈漆取 0.05～0.15mm,红丹防锈漆取 0.15～0.23mm。

(2)防锈漆干后(约24h),用石膏油腻子嵌补、拼接不平处。嵌补面积较大时,可在腻子中加入适量厚漆或红丹粉,提高腻子干硬性。

(3)在防锈漆上涂刷一层磷化底漆以使金属面油漆有较好的附

着力。

磷化底漆配比为底漆：磷化液＝4∶1（磷化液用量不能增减），混合均匀。

磷化液的配比：工业磷酸∶氧化锌∶丁醇∶酒精∶清水＝70∶5∶5∶10∶10，刷涂磷化底漆以薄为宜。

三、镀锌铁皮面施涂

1. 工序及施涂工艺

镀锌铁皮面施涂色漆工艺见表6-5。

表6-5 镀锌铁皮面施涂色漆工艺

序号	工序名称	材料	操作工艺
1	处理基层	—	用抹布纱头蘸汽油擦去油污 用3号铁砂布打磨，用重力，均匀地把表面磨毛、磨粗
2	刷磷化底漆一遍	—	宜用油漆刷涂刷，涂膜宜薄，均匀，不漏刷
3	刷锌黄醇酸底漆一遍	—	同工序2
4	嵌批腻子	石膏粉∶熟桐油＝4∶1（适量掺入锌黄醇酸底漆）	操作方法与钢门窗嵌批腻子相同
5	打磨	1号砂纸	用力均匀，不易过大，要磨全磨到，复补、刮腻子在打磨后进行
6	刷涂面漆	铝灰醇酸磁漆	深色应刷涂二遍，浅色刷涂三遍，涂膜厚度均匀，颜色一致

2. 操作注意事项

为保证质量，调配好的磷化底漆，需存放30min经化学反应后才能使用。

磷化化底漆应在干燥的天气刷涂，因为潮湿天气涂刷时，涂膜发白，附着力差。

第五节　传统油漆施涂工艺

传统油漆涂饰是指大漆涂饰。大漆即天然漆,漆树树脂经过净化除去杂质后成为生漆,但生漆的黏结力和光泽较差,经加工处理成精制漆。精制漆根据配方和生产工艺的不同又分为退光漆(推光漆)、广漆、揩漆、漆酚树脂等。其中广漆的施涂方法最多,适用的范围也很广。

一、油色底广漆面施涂工艺

1.油色底广漆面施涂施工工序

油色底广漆面俗称操油广漆,它是一种简单易行的操作方法,一般适用于杂木家具、木门窗、杉木地板等涂饰。其工序为基层处理→刷油色→嵌批腻子→刷豆腐底色→上理光漆。

2.基层处理

按常规处理进行,即基层清理洁净、打磨光滑。

3.刷油色

油色是由熟桐油(光油)与200号溶剂汽油以1∶1.5的配比加色配成。在没有光油的情况下,可用油基清漆或酚醛清漆与200号溶剂汽油以1∶0.5的配比加色配成。加色一般采用油溶性染料、各色厚漆或氧化铁系颜料,调成后用80～100目铜筛过滤即可涂刷。将整个木面均匀地染色一遍,要求顺木纹理通拔直,着色均匀。

4.嵌批腻子

首先调拌稠硬油腻子,将大洞、缝等缺陷处先行填嵌,干燥后略磨一下,再用稀稠适中的腻子满批刮一遍。对于棕眼较粗的木材要批刮两遍,力求表面平整,待腻子干燥后,用1号木砂纸打磨光滑。除尘后,如表面不够光滑、平整可再满批腻子一遍。干后再用1号木砂纸砂磨、除尘。嵌批腻子时要收拾干净,不留残余腻子,否则难以砂磨干净,也不得漏批、漏刮。

5.刷豆腐底色

用鲜嫩豆腐加适量染料和少量生猪血经调配制成。配色可用酸性染料,如酸性大红、酸性橙等,用开水溶解后再用豆腐、生猪血一起搅拌,用 80～100 目筛子过滤,使豆腐、染料、血料充分分散混合成均匀的色浆,用漆刷进行刷涂。色浆太稠可掺加适量清水稀释,刷涂必须均匀,顺木纹理通拔直,不漏、不挂。色浆干燥后,用 0 号旧木砂纸轻轻磨去色层颗粒,但不得磨穿、磨白。刷豆腐底色的目的,主要是对木基层染色,保证上漆后色泽一致。

6. 上理光漆

上漆方法有两种:涂刷体量大用蚕丝团,体量小用牛尾漆刷。涂刷一般多用牛尾漆刷,牛尾漆刷是用牛尾毛制成的,俗称"国漆刷"。

国漆刷是刷涂大漆的专用工具,其规格有 1～4 指宽(即 25～100mm),形状有平的、斜的等多种,漆刷的毛长 5～7mm。上漆时,用漆刷蘸漆涂布于物面,大平面可用牛角翘将漆披于物面,接着纵、横、竖、斜交叉各刷一遍,这样反复多次,目的是将漆液推刷均匀。涂刷感到发黏费力时,说明漆液开始成膜,这时可用毛头平整细软的理漆刷顺木纹方向理通理顺,使整个漆面均匀光亮。

用蚕丝捏成丝团,蘸漆于物面向纵、横方向不断地往返揩搓滚动,使物面受漆均匀,然后再用漆刷进行理顺。用丝团的上漆方法,一般两人合作进行,一人在前面上漆,另一人在后面理漆,这样既能保证质量,又能提高工效。对于木地板上漆要多人密切配合。地板上漆应从房间内角开始,逐渐退向门口,中途不可停顿,要一气呵成。地板上漆后,漆膜要彻底干固(一般需 2～3 个月)才能使用。

用蚕丝团上漆是传统工艺,物体不论面积大小均可适用,而且上漆均匀,工效高。但要注意的是将丝团吸饱漆液后应挤去多余部分。在操作时,丝团内的漆液要始终保持湿润、柔软,否则丝团容易变硬,变硬后就不易蘸漆和上漆,且丝头还会黏结于物面,影响质量。

二、豆腐底两道广漆面施涂工艺

这种做法适用于涂饰木器家具,其工艺比油色底广漆面施涂的质量要好。

1. 豆腐底两道广漆面施涂工序

白坯处理→白木染色→嵌批腻子→刷两道色浆→上头道广漆→水

磨→上第二道广漆(罩光)。

2. 白坯处理

将表面的木刺、油污、胶迹、墨线等清除干净,用 $1\frac{1}{2}$ 号木砂纸砂磨平整光滑。

3. 白木染色

对处理后的物件,进行一次着木染色,材料用嫩豆腐和生血料加色配成。加色颜料根据色泽而定,如做金黄色可用酸性金黄,红色可用酸性大红,做铁红色可用氧化铁红,做红木色可用酸性品红等。这些染料和颜料可用水溶解后加入嫩豆腐和血料调配成稀糊状的豆腐色浆(具体调配可参照上述广漆工艺),用漆刷或排笔在处理好的白坯表面均匀地满涂一遍,顺木纹理通拔直。

4. 嵌批腻子

腻子用广漆或生漆和石膏粉加适量水调拌而成(做红木色用生漆调拌)。其配比为广漆或生漆:石膏分:水=1:(0.8～1):0.5。腻子嵌批有两种做法:一种是先满批后再嵌批,腻子一般批刮两遍,每遍干燥时间为24h,砂磨后再批刮第二遍;另一种是先调成稠硬腻子,先将大洞等缺陷处填嵌一遍,干燥后再满批。通过两遍腻子的批刮,砂磨后的表面已达到基本平整,为了防止缺陷处腻子的收缩,再进行一次必要的找嵌,这样腻子的批嵌工作才算完成,然后用1号旧木砂纸砂磨,除去粉尘。批嵌腻子的工具是牛角翘,大面积批刮用钢皮刮板。大漆腻子干燥后坚硬牢固,不易砂磨,在批刮时既要密实,又要收刮干净,不留残余腻子,否则会影响木纹的清晰度。

5. 刷两道色浆

刷这道色浆目的是统一色泽,使批嵌的腻子疤不明显。等色层干燥后,用1号旧木砂纸轻磨,去颜料颗粒、杂质,以达到光滑为度,然后抹去灰尘。

6. 上头道广漆、水磨

上漆必须厚薄均匀(涂布方法与广漆工艺相同)。头道漆干燥后,用 400 号水砂纸蘸肥皂水轻磨，将漆膜表面颗粒等杂质磨去，边沿、棱角等不得磨穿，如磨穿要及时补色，达到表面平滑，然后过水，用抹布揩净干燥。

7.上第二道广漆

第二道漆称罩光漆，是整个工艺中最重要的一道工序，涂刷要求十分严格。涂刷时比头道漆略松些（厚些），选用的漆刷毛长而细，但必须刷涂均匀，不过棱、不皱、不漏刷，线角处不留积漆且涂面不留刷痕，完成后漆膜丰满、光亮柔和。

刷漆要按基本操作步骤进行，每刷涂一个物件，必须从难到易、从里到外、从左到右、从上到下，逐一涂刷。

三、退光漆（推光漆）磨退

在基层面施涂精制漆之前，要对基层进行处理。

1.基层处理

退光漆磨退工艺的基层处理（打底）有以下三种方法。

（1）油灰麻绒打底：嵌批腻子→打磨→褙麻绒→嵌批第二遍腻子→打磨→褙云皮纸→打磨→嵌批第三遍腻子→打磨→嵌批第四遍腻子→打磨。（褙：把布或纸一层一层地粘在一起）

打底子用料及操作要点如下。

褙麻绒：用血料加 10% 的光油拌均匀后，涂满面层，满铺麻绒，轧实，褙整齐，再满涂血料、油浆，渗透均匀后，再用竹制麻荡子拍打抹压，直至密实。

褙云皮纸：在物面上均匀涂刷血料、油浆，将云皮纸平整贴于物面，用刷子轻轻刷压。云皮纸接口宜搭接，第一层云皮纸贴好后，再用同样方法，粘贴第二层云皮纸，直至将物面全部封闭完后，再满刷油浆一遍。

基层处理中用到的嵌批腻子配料为血料：光油：消解石灰＝1：0.1：1，将洞眼、缝隙嵌实批平，再满批。

工序中有四次批腻子。要点：第二遍批腻子要稠些；第三遍批腻子可根据设计要求的颜色加入颜料，腻子可适量掺熟石膏粉；嵌批第四遍腻子，宜采用熟漆灰腻子（熟漆：熟石膏粉：水＝1：0.8：0.4），重压刮批。如果气候干燥，应入窖房（地下室），相对湿度保持在

70%～85%。

(2)油灰褙布打底:工序与上述基本相同,不同处为用夏布代替麻绒和云皮纸。

(3)漆灰褙布打底:工序与上述基本相同,不同处是以漆灰代替血料、油浆,以漆灰作压布灰。

2.工序及操作工艺

基层面进行打底之后,可进行退光漆施涂、退磨。施涂、退磨工序及操作工艺见表 6-6。

表 6-6　　　　　　　　退光漆施涂、退磨工序及操作工艺

序号	工序名称	用料及操作工艺
1	刷生漆	用漆刷在已打磨、掸净灰尘的物面上薄薄均匀刷涂
2	打磨	用 220 号水砂纸顺木纹打磨一遍磨至光滑,掸净灰尘
3	嵌批第五遍腻子	用生漆腻子(生漆:熟石膏粉:细瓦灰:水＝3.6:3.4:7:4)满批一遍,表面应平整光滑
4	打磨	用 320 号水砂纸蘸水打磨至平整光滑,随磨随洗,磨完后用水洗净,如有缺陷应用腻子修补平整
5	上色	用不掉毛的排笔,顺木纹薄薄涂刷一层颜色
6	刷第一遍退光漆	用短毛漆刷蘸退光漆于物面上用力纵横交叉反复推刷,要斜刷、横刷、竖理,反复多次,使漆膜均匀。再用刮净余漆的漆刷,顺物面长方向轻理拨直出边,侧面、边角要理掉漆液流坠
7	打磨	用 400 号水砂纸蘸肥皂水顺木纹打磨,边磨边观察,不能磨穿漆膜,磨至平整光滑,用水洗净,如发现磨穿应修补,干后补磨
8	刷第二遍退光漆	同第一遍
9	破粒	待二遍退光漆干后,用 400 号水砂纸蘸肥皂水将露出表面的颗粒磨破,使颗粒内部漆膜干透
10	打磨退光	用 600 号水砂纸蘸肥皂水精心轻轻短磨,磨到哪里,眼看到哪里,观察光泽净程度,磨至不见星光。如出现磨穿要重刷退光漆,干燥后再重磨

3.操作注意事项

以上所讲的基层处理及施涂工序仅适用于木质横匾、对联及古建筑中的柱子。

从施涂的第一道工序起,应在保持70%～85%湿度的窨房内进行操作。

如用漆灰褙布打底,第一遍刷生漆可省去直接嵌批第五遍腻子。

上色使用的豆腐色浆由嫩豆腐加少量血料和颜料拌合而成,适用于红色或紫色底面,黄色可不上色。

四、红木揩漆

1.红木揩漆

红木制品给人高雅的感觉。因其木质致密,多采用生漆揩擦,可获得木纹清晰、光滑细腻、红黑相透的装饰效果。红木揩漆工艺按木质可分为红木揩漆、香红木揩漆、杂木仿红木揩漆工艺。红木揩漆工序及操作工艺见表6-7。

表6-7　　　　　　　　红木揩漆工序及操作工艺

序号	工序名称	用料及操作工艺
1	基层处理	用0号木砂纸仔细打磨,对雕刻花纹的凹凸处及线脚等部位更应仔细打磨
2	嵌批	用生漆石膏腻子满批,对雕刻花纹凹凸处要用牛尾抄漆刷满涂均匀
3	打磨	用0号木砂纸打磨光滑,雕刻花纹也要磨到。掸净灰尘
4	嵌批	同工序2
5	打磨	同工序3
6	揩漆	用牛尾刷将生漆刷涂均匀,再用漆刷反复横竖刷理均匀,小面积、雕刻花纹及线角处要刷到,薄厚一致,最后顺木纹揩擦,理通理顺
7	嵌批	揩擦干后,再满批第三遍生漆腻子,腻子可略稀一些。同工序2
8	打磨	待三遍腻子干燥后,用巧叶子(一种带刺的叶子)干打磨,用前将巧叶子浸水泡软,在红木表面来回打磨,直至光滑、细腻为止
9	揩漆及打磨	揩漆同工序6,干后用巧叶干打磨,方法同上。一般要揩漆3遍或4遍,达到漆膜均匀饱满、光滑细腻,色泽均匀、光泽柔和

注:从揩漆开始,物件要入窨房干燥。

2.香红木揩漆

香红木采用揩漆饰面,涂饰效果类似红木揩漆。与红木揩漆所不同之处是上色工艺。在满批第一遍生漆石膏腻子干燥打磨后,要刷涂一遍苏木水,待干燥后,过水擦干。在揩第一遍生漆并打磨后,再刷涂品红水,干燥后,过水擦干。后续的揩漆工序与红木揩漆工序相同。

3.仿红木揩漆

仿红木揩漆与红木揩漆工序相同。"仿"的关键在上色方面,仿红木揩漆要上三次色,每次上色后均要满批生漆石膏腻子。第一遍上色为酸性大红,第二遍、第三遍上色为酸性大红加黑粉(适量)。上色是仿红木揩漆的重要环节。

第七章 涂料施工操作

第一节　石灰浆、大白浆、803涂料施涂工艺

一、石灰浆施涂

石灰浆施涂工序和工艺见表7-1。

表7-1　　　　　　　　　施涂石灰浆操作工序和工艺

序号	工序名称	材料	操作工艺
1	基层处理		用铲刀清除基层面上的灰砂、灰尘、浮物等
2	嵌批	纸筋灰或纸筋灰腻子	对较大的孔洞、裂缝用纸筋灰嵌填,对局部不平处批刮腻子,批刮平整光洁
3	刷涂第一遍石灰浆	—	用20管排笔,按顺序刷涂,相接处刷开接通
4	复补腻子	纸筋灰腻子	第一遍石灰浆干透后,用铲刀把饰面上粗糙颗粒刮掉,复补腻子,批刮平整
5	刷涂第二遍石灰浆	—	刷涂均匀,不能太厚,以防起灰掉粉

操作注意事项如下。

(1)如需配色,按色板色配制,第一遍浆颜色可配浅一些,第二、三遍深一些。

(2)一般刷涂两遍石灰浆即可。是否需要刷涂第三遍,则根据质量要求和施工现场具体情况确定。

二、喷涂石灰浆

喷涂适用于对饰面要求不高的建筑物,如厂房的混凝土构件、大板顶棚、砖墙面等大面积基层。

施工工序及工艺:喷涂石灰浆与刷涂石灰浆的工序及操作工艺基本相同,仅是以喷代刷。

操作注意事项如下。

(1)喷涂石灰浆需多人操作,施涂前,明确分工,各司其职,相互协调。

(2)用 80 目铜丝箩过滤石灰浆,以免颗粒杂物堵塞喷头。

(3)喷涂顺序:先难后易,先角线后平面;做好遮盖,以免飞溅到其他基层面。

(4)喷头距饰面距离宜 40cm 左右,第一遍喷涂要厚。

(5)第一遍喷浆对于混凝土面宜调稠些,对清水砖墙宜调稀些。

三、大白浆、803 涂料施涂工艺

大白浆遮盖力较强,细腻、洁白且成本低;803 涂料具有一定的黏结强度和防潮性能,涂膜光滑、干燥快,能配制多种色彩,广泛地应用于内墙面、顶棚的施涂。

大白浆、803 涂料施工工序及工艺相同,主要区别是选用的涂料品种不同。

(1)施工工序:基层处理→嵌补腻子→打磨→满批腻子两遍→复补腻子→打磨→刷涂(滚涂)涂料两遍。

(2)基层宜用胶粉腻子嵌批,嵌批时再适量加些石膏粉,把基层面上的麻面、孔洞、裂缝填平嵌实,干后打磨。

(3)新墙面则可直接满批刮腻子;旧墙面或墙表面较疏松,可以先用 108 胶或 801 胶加水稀释后(配合比 1∶3)在墙面上刷涂一遍,待干后再批刮腻子。

用橡胶刮板批头遍腻子,第二遍可用钢皮刮板批刮。往返批刮的次数不能太多,否则会将腻子翻起。批刮要用力均匀,腻子一次不能批刮得太厚,厚度一般以不超过 1mm 为宜。

(4)墙面经过满刮腻子后,如局部还存在细小缺陷,应复补腻子。复补用的腻子要求调拌得细腻、软硬适中。

(5)待腻子干后可用 1 号砂纸打磨平整,清洁表面。

(6)一般涂刷两遍,涂刷工具可用羊毛排笔或滚筒。用排笔涂刷一般墙面时,要求两人或多人同时上下配合,一人在上刷,另一人在下接刷。涂刷要均匀,搭接处要无明显的接槎和刷纹。

1)辊筒滚涂法:辊筒滚涂适用于表面粗糙的墙面,墙面的滚涂顺序

是从上到下、从左到右。滚涂时为使涂料能慢慢挤出辊筒，均匀地滚涂支墙面上，宜采用先松后紧的方法。对于施工要求光洁程度较高的物面必须边滚涂边用排笔理顺。

2)排笔涂刷法：墙面刷涂应从左上角开始，排笔以 20 管为宜。涂刷时先在上部墙面顶端横刷一排笔的宽度，然后自左向右从墙阴角开始向右一排接一排的直刷。当刷完一个片段，移动梯子，再刷第二片断。这时涂刷下部墙的操作者可随后接着涂刷第一片段的下排，如此交叉，直到完成。上下排刷搭接长度取 50～70mm，接头上下通顺，要涂刷均匀，色泽一致。涂刷前可把排笔两端用剪刀修剪或用火烤成小圆角，以减少涂刷中涂料的滴落。

(7)施涂大白浆要轻刷、快刷，浆料配好后不得随意加水，否则影响和易性和黏结强度。

(8)在旧墙面、顶棚施涂大白浆之前，清理基层后可先刷1遍或2遍用熟猪血和石灰水配成的浆液，以防泛黄、起花。

第二节　乳胶漆施涂工艺

适于用乳胶漆施涂的基层有混凝土、抹灰面、石棉水泥板、石膏板、木材等表面。

一、室内施涂

施涂乳胶类内墙涂料的工序和工艺见表7-2。

表 7-2　　　　　　　施涂乳胶类内墙涂料操作工序和工艺

序号	工序名称	材　　料	操　作　工　艺
1	基层处理	—	用铲刀或砂纸铲除或打磨掉表面灰砂、污迹等杂物
2	刷涂底胶	108胶：水＝1：3	如旧墙面或墙面基层已疏松，可刷胶一遍；新墙面，一般不用刷胶
3	嵌补腻子	滑石粉：乳胶：纤维素＝5：1：3.5，加适量石膏粉，以增加硬性	将基面较大的孔洞、裂缝嵌实补平，干燥后用0～1号砂纸打磨平整

序号	工序名称	材 料	操 作 工 艺
4	满批腻子两遍	同上(不加石膏粉)	先用橡胶刮板批刮,再用钢皮刮板批刮,刮批收头要干净,接头不留槎。第一遍横批腻子,干后打磨平整,再进行第二遍竖向满批,干后打磨
5	刷涂(滚涂2遍或3遍)	乳胶漆	大面积施涂应多人合作,注意刷涂衔接不留槎、不留刷迹,刷顺刷通,厚薄均匀

操作注意事项如下。

(1)施涂时,乳胶漆过稠难以刷匀,可加入适量清水。加水量根据乳胶漆的质量决定,最多加水量不能超过 20%。

(2)施涂前必须搅拌均匀,乳胶漆有触变性,看起来很稠,经搅拌会变稀。

(3)施涂环境温度应为 5~35℃。

(4)混凝土的含水率不得大于 10%。

二、室外施涂

乳液性外墙涂料又称外墙乳胶漆,其耐水性、耐候性、耐老化性、耐洗刷性、涂膜坚韧性都高于内墙涂料。外墙涂料分平光和有光两种,平光涂料对基层的平整度的要求没有溶剂型涂料的严格。

施工工序及工艺:施工工序及工艺与表 7-2 所列大致相同。

操作注意事项如下。

(1)满批腻子,批平、压光、干燥之后,打磨平整。在施涂乳胶漆之前,一定要刷一遍封底漆,不得漏刷,以防水泥砂浆抹面层析碱。底漆干透后,目测检查有无发花、泛底现象,如有再刷涂。

(2)外墙的平整度直接影响装饰效果,批刮腻子的质量是关键,要平整、光滑。

(3)施涂前,先做样板,确定色调和涂饰工具,以满足花饰的要求。施涂时要求环境干净,无灰尘。风速在 5m/s 以上,湿度超过 80%,应该停涂。

(4)目前多采用吊篮和单根吊索在外墙施涂,除注意安全外,还应考虑施涂操作方便等具体要求,保证施涂质量。

三、高级喷磁型外墙涂料施涂工艺

高级喷磁型外墙涂料(丙酸类复层建筑涂料)简称"高喷"。高喷饰面是由底、中、面三个涂层复合组成。底层为防碱底涂料(溶剂型),能增强涂层的附着力;中层为弹性骨料层(厚质水乳型),它能使涂层具有坚韧的耐热性并形成各种质感的凹凸花纹;面层为丙烯酸类装饰保护层(又分为 AC(溶剂型)、AE(乳液型)两种),可赋予涂层以缤纷的色彩和光泽,并使之具有良好的耐候性。"高喷"涂层结构见图 7-1。它适用于各种高层与高级建筑物的外墙饰面,对混凝土、砂浆、石棉瓦棱板、预制混凝土等墙面均适宜。"高喷"饰面立体感强,耐久性好,施工效率高。

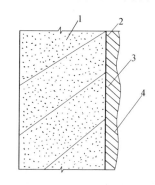

图 7-1　"高喷"涂层结构图
1—墙体;2—底层涂料;
3—中层涂料;4—面层涂料

(1)施工工序:基层处理→施涂底层涂料一遍→喷涂中层涂料一遍→滚轧花纹→施涂面层涂料两遍。

(2)基层处理。"高喷"装饰效果同基层处理关系很大。施涂水性和乳液涂料时,含水率不得大于 10%;混凝土和抹灰表面施涂溶剂型涂料时,含水率不得大于 8%。对空鼓、起壳、开裂、缺棱掉角等缺陷处返工清理后,用 1∶3 水泥砂浆修补;对油污可用汽油揩擦干净;对浮土和灰砂可用油灰刀和钢丝刷清理干净;对局部较小的洞缝、麻面等缺陷,可采用聚合物水泥腻子嵌补平整,常用的腻子可用 42.5 级水泥与 108 胶(或 801 胶)配制,其质量配合比约为水泥∶108 胶=100∶20(加适量的水)。基层表面光洁既可以提高施涂装饰效果,又可以节约涂料。

(3)施涂底层涂料一遍。底层涂料又称封底涂料,其主要作用是对基层表面进行封闭,以增强中层涂料与基层的黏结力。底层涂料为溶剂型涂料,使用时可稀释(按产品说明书规定进行),一般稀释剂的掺入量为 25%~30%。施工时采用喷涂或滚刷皆可,但要求施涂均匀,不得漏涂或流坠等。

(4)喷涂中层涂料一遍。中层涂料又称骨架或主层涂料,是"高喷"饰面的主要构成部分,也是"高喷"特有的一层成形层。中层涂料通过使用特制大口径喷枪,喷涂在底油之上,再经过滚压,即形成质感丰满、新颖、美观的立体花纹图案。中层涂料一般由厂家生产骨粉、骨浆,使用时按产品说明书中规定的配合比调配均匀就可使用。另外,为了降低成本,提高中层涂料的耐久性、耐水性和强度,外墙也可用由水泥(或白水泥)和 108 胶等材料调配而成的中层涂料。

(5)滚轧花纹。滚轧花纹是"高喷"饰面工艺的一个重要环节,直接关系到饰面外表的美观和立体感。待中层涂料喷后两成干,就可用薄型钢皮铁板或塑料滚筒(100~150mm)、滚轧花纹,但要注意轧花时用力要均匀,钢皮铁板或塑料滚筒每压一次都要擦洗干净一次,如不擦洗干净,残留中层涂料,滚压时会毛糙不均匀影响美观。滚压后应无明显的接槎,不能留下钢皮铁板和滚筒的印痕,并要求墙面喷点花纹均匀美观,立体感强。

(6)施涂面层涂料两遍。面层涂料是"高喷"饰面的外表层,其品种有溶剂型和水乳型。面层涂料内已加入了各种耐晒的彩色颜料,施涂后具有柔和的色泽,起到美化涂膜和增加耐久性的作用。另外根据不同的需要,面层涂料分为有光、半光、无光等品种。面层涂料施工采用喷涂或滚刷皆可,施涂时,当涂料太稠时,可掺入相配套的稀释剂,其掺入量应符合产品说明书的有关规定。

(7)操作注意事项如下。

1)当底、面层涂料为溶剂型时,应注意运输安全。涂料的储存适宜温度为 5~30℃,不得雨淋和暴晒。面层涂料必须在中层涂料充分干燥后,才能施涂,在下雨前后或被涂表面潮湿时,不能施涂。

2)墙面搭设的外脚手架宜离开墙面 450~500mm,脚手架不得太靠近墙面。另外,喷涂时要特别注意脚手架上下接排处的喷点接槎处理,避免接槎处的喷点太厚,使整个墙面的喷点呈波浪形,严重影响美观。

3)"高喷"的施涂质量与基层表面是否平整关系极大,抹灰表面要求平整、无凹凸。施涂前对基层表面存在的洞、缝等缺陷必须用聚合物水泥胶腻子嵌补。

4)喷涂中层涂料时,其喷点大小和疏密程度应均匀一致,不得连成片状,不得出现露底或流坠等现象。另外喷涂时,还应将不喷涂的部位加以遮盖,以防沾污。以水泥为主要基料的中层涂料喷涂及轧花纹后,应先干燥12h,然后洒水养护24h,再干燥12h后,才能施涂面层涂料。

5)"高喷"也可用于室内各种墙面的饰面,其底、中、面层涂料同上。另外室内"高喷"中层涂料还可由乳胶漆、大白粉、石膏粉、滑石粉等按比例调制而成。

6)施工气候条件:气温宜在5℃以上,湿度不宜超过85%。最佳施工条件为:气温27℃,湿度50%。

7)施涂工具和机具使用完毕后,应及时清洗或浸泡在相应的溶剂中。

(8)外墙涂料施涂。外墙涂料施涂质量要求见表7-3。

表7-3 　　　　　　　　　　　　"高喷"饰面质量要求

项次	项　　目	质　量　要　求
1	漏涂、透底	不允许
2	掉粉、起皮	不允许
3	反碱、咬色	不允许
4	喷点疏密程度	疏密均匀,不允许有连片或呈波浪现象
5	颜色	一致
6	门窗玻璃、灯具等	洁净

第三节　喷、弹、滚涂等施涂工艺

用喷、弹、滚涂等方法来进行工程装饰施工速度快,工效高,适应面广,视觉舒适,美观大方,所以得到推广和广泛的应用。

喷涂是以压缩空气等作为动力,利用喷涂工具将涂料喷涂到物面上的一种施工方法。喷涂生产效率高,适应性强,特别适合于大面积施工和非平面物件的涂饰,可保证饰面的凹凸、曲线、细孔等部位涂布均匀。常用的有内墙多彩喷涂和内外墙面彩砂喷涂。

一、内墙多彩喷涂

喷涂用的喷枪是一种专用喷枪。内墙多彩涂料由磁漆相和水相两大部分组成。其中磁漆相包括硝化棉、树脂及颜料;水相有水和甲基纤维素。将不同颜色的磁漆分散在水中,互相混合而不相溶,外观呈现出各种不同颜色的小颗粒,成为一种新型的多彩涂料,喷涂到墙面上形成一层多色彩的涂膜。所以多彩内墙涂料是近年来发展起来的一种新型涂料。其喷涂所专工具是一种专用喷枪。

多彩涂料可喷涂于多种物面上,混凝土、砂浆及纸筋灰抹面、木材、石膏板、纤维板、金属等面上均适合做多彩喷涂。多彩涂料涂膜强度高,耐油、耐碱性能好,耐擦洗,便于清除面上的多种污染,保持饰面清洁光亮。由于是多彩的,显得色彩新颖,而且光泽柔和,有较强的立体感,装饰效果颇佳。由于具有上述优点和优良的施工性能,此项新材料、新工艺发展很快,被广泛用于各类公共建筑及各种住宅的室内墙面、顶棚、柱子面的装饰,但多彩涂料不适宜用于室外。

1. 施涂工序

基层处理→嵌批腻子、打磨嵌批墙面→刷底层涂料→刷中层涂料→喷面层彩色涂料。

2. 基层处理

多彩喷涂面质量的好坏与基层是否平整有很大关系,因此墙面必须处理平整,如有空鼓、起壳,必须返工重做;凹凸处要用原材料补平;必须全部刷除抹灰面上的煤屑、草筋、粗料;基层面上的浮灰、灰砂及油污等也一定要全部清除干净。

在夹板或其他板材面上做喷涂,接缝要用纱布或胶带纸粘贴,板上钉子头涂上防锈漆后点刷白漆,然后用油性腻子嵌补洞、缝及接缝处,直至平整。

当基层为金属时,先除锈,再刷防锈漆,用油性石膏腻子嵌缝,再刷一道白漆。

总之,多彩喷涂对基层面的平整度要求比一般油漆高,必须认真做好,保证喷涂质量。

3. 嵌批腻子、打磨嵌批墙面

可用胶老粉腻子或油性腻子,也可用白水泥加 108 胶水拌成水泥腻子。用水泥腻子批刮墙面可增加基层的强度,这对彩涂面层的牢度很有好处,而且水泥腻子调配使用也很方便,因此被广泛采用。先将墙面上的洞、缝及其他缺陷处用腻子嵌实,满刮 1 道或 2 道腻子,批刮腻子的遍数应视墙面基层的具体情况决定,以基层完全平整为标准。腻子干后用 1 号砂纸打磨,扫清浮灰。

4. 刷底层涂料

彩色喷涂的涂料一般配套供应。底层材料是水溶性的无色透明的氯偏成品涂料,其主要起封底作用,以防墙面反碱。涂刷底层涂料用刷涂或者滚涂,涂刷要求均匀、不漏刷、无刷纹,干后用砂纸轻轻打磨。

5. 刷中层涂料

中层涂料是有色涂料,色泽与面层配套,起着色和遮盖底层的作用。中层涂料可用排笔涂刷或用滚筒滚涂。涂料在使用前要搅拌均匀,涂刷 1 遍或 2 遍,要求涂刷均匀,色泽一致,不能漏刷、流挂、露底和有刷痕。中层涂料干后同样要经细砂纸打磨。

6. 喷涂面层彩色涂料

涂料在喷涂前要用小木棒按同一方向轻轻搅拌均匀,以保证喷出来的涂料色彩均匀一致。大面积喷涂前要先试小样,满意后再正式施工。喷涂时喷枪与物面保持垂直,喷枪喷嘴与物面距离以 300~400mm 为宜。喷涂应分块进行,喷好一块后进行适当遮盖,再喷另一块。喷涂墙面转角处,事先应将准备不喷的另一面遮挡 100~200mm,当一个面上喷完后,同样应将已喷好的一面遮挡 100~200mm,防止墙面转角部分因重复喷涂,而使涂层加厚。

7. 操作注意事项

(1)基层墙面要干燥,含水率不能超过 8%。基层必须平整光洁,平整度误差不得超过 2mm;阴阳角要方正垂直。

(2)喷涂完毕后要对质量进行检查,发现缺陷要及时修正、修喷。喷好的饰面要注意保护,避免碰坏和污损。

(3)基层抹灰质量要好,黏结牢固,不得有脱层、空鼓、洞、缝等。

(4)批刮腻子要平整牢固,不得有明显的接缝。

(5)喷涂时气压要稳,喷距、喷点均匀,保证涂层花饰一致。

(6)喷涂面层涂料前要将一切不需喷涂的部位用纸遮盖严实。

(7)喷枪及附件要及时清洗干净。

8.常见的质量问题

(1)花纹不规则。原因是压力不稳、操作方法不当,使喷涂不均匀,造成花纹不均匀。防治的办法,一是保持压力稳定,二是仔细阅读说明书,熟练掌握操作技巧。

(2)光泽不匀。面层的光泽与中层涂料涂刷质量有关,中层涂料刷得不均匀,会影响面层的质量,发现中涂有问题时要重刷中涂涂料。

(3)流挂。原因是面层涂料太稠所致。防治的方法是通过试喷来观察涂料的稠度,当涂料过稠时,可适当稀释。

(4)黏结力差。涂料不配套或中层涂料不干,会影响面层涂料的黏结力,防治的办法是涂料一定要配套使用,喷涂面层一定要等中涂干燥后再进行。

二、内、外墙面彩砂喷涂

墙面喷涂彩砂由于采用了高温烧结彩色砂粒、彩色陶瓷粒或天然带色石屑作为骨料,加之以具有较好耐水、耐候性的水溶性树脂作胶黏剂(常用的有乙—丙彩砂涂料、苯丙彩砂涂料、砂胶外墙涂料等),用手提斗式喷枪喷涂到物面上,使涂层质感强,色彩丰富,强度较高,有良好的耐水性、耐候性和吸声性能,适用于内外墙面、顶棚面的装饰。

1.工艺流程

基层处理→刷清胶→嵌批腻子→刷底层涂料→喷彩砂。

2.基层处理

内墙基层处理的方法和要求与多彩喷涂相同;墙面基层要求坚实、平整、干净,含水率低于 8%,对于较大缺陷要用水泥砂浆或水泥腻子(108 胶水拌水泥)修补完整。墙面基层的好坏对喷涂质量影响极大,墙面不平整、阴阳角不顺直,将影响喷砂的质量和装饰效果。

3.刷清胶

用稀释的 108 胶将整个墙面统刷一遍,起封底作用。如是有配套产品,必须按要求涂刷配套的封底涂料。

4.嵌批腻子

嵌批所用的腻子要用水泥腻子,特别是对外墙,不能用一般的胶腻子。胶腻子强度低,易受潮粉化造成涂膜卷皮、脱落。

腻子先嵌后批,一般批刮两道,第一道腻子稠些,第二道稍稀。多余的腻子要刮去。腻子干燥后用 1 号或 $\frac{1}{2}$ 号砂纸打磨,力求物面平整光滑,无洞孔、裂缝、麻面、缺角等,然后扫清灰尘。

5.刷底层涂料

底层涂料用相应的水溶性涂料或配套的成品涂料,采用刷涂或滚涂,涂刷时要求做到不流挂、不漏刷、不露底、不起泡。

6.喷彩砂

(1)墙面喷砂使用手提斗式喷枪,喷嘴的口径大小视砂粒粗细而定,一般为5～8mm。

(2)先将彩砂涂料搅拌均匀,其稠度保持在 10～20cm 为度,将涂料装入手提式喷枪的涂料罐。

(3)空压机的压缩空气压力保持在 600～800kPa,如压力过大砂粒容易回弹飞溅,且涂层不易均匀,涂料消耗大。

(4)喷涂前先要试样,在纤维板或夹板上试喷,检查空压机压力是否正常,看喷出的砂头粗细是否符合要求,合格后方可正式喷涂。

(5)喷涂操作时,喷嘴移动范围控制在 1～1.5m,距墙面 400～500mm,自上而下分层平行移动,移动速度为 8～12m/min,运行过快,涂膜太薄,遮盖力不够;太慢,则会使涂层过厚,造成流坠和表面不平。喷涂一般一遍成活,也可喷涂两遍,一遍横向,一遍竖向。

喷砂完毕后,要仔细检查一遍,如发现有局部透底,应在涂料未干前找补。

7.施工注意事项

(1)彩砂涂料不能随意加水稀释,尤其当气温较低时,更不能加水,否则会使涂料的成膜温度升高,影响涂层质量。

(2)喷涂前要将饰面不需喷涂的地方遮盖严实,以免造成麻烦,影响整个饰面的装饰效果。喷涂结束后要将管道及喷枪用稀释剂洗净,以免造成阻塞。

(3)天气情况不好,刮风、下雨或高温、高湿时,不宜喷涂。

8. 常见的质量问题

(1)堆砂。造成堆砂的原因主要有空气压力不均,彩砂搅拌不均,操作不够熟练。操作中应分析问题产生的原因,有针对性地解决。

(2)落砂。造成落砂的主要原因有喷料自身的黏度不够或基层还未完全干燥,如胶性不足可适量地加入 108 胶或聚酯酸乙烯乳胶漆,以调整胶的黏度。在大面积喷涂前,必须试小样,待其干燥,检验其黏结度。

三、彩弹装饰

彩弹装饰工艺主要工作原理是通过手动式电动弹涂机具内的弹力棒以离心力将各种色浆弹射到装饰面上。该工艺可根据弹涂材料的不同稠度和调节弹涂机的转速,弹出点、线、条、块等不同形状,故又称弹涂装饰工艺。该工艺又可对各种弹出的形状进行压抹,各种颜色和形状的弹点交错复弹,形成层次交错、互相衬托、视觉舒适、美观大方的装饰面。它适用于建筑工程的内、外墙、顶棚及其他部位的装饰,具有良好的质感和装饰效果。

1. 几种常用弹涂材料的配制

弹涂材料一般多应自行配制,根据需要调制出不同颜色和稠度。常用的有以白水泥为基料的弹涂材料、以聚酯酸乙烯乳胶漆为基料的弹涂材料和以 803 涂料为基料的弹涂材料,需用哪种弹涂料应视实际要求而定。一般而言,以水泥为基料的适用于外墙装饰,以乳胶漆和 803 涂料为基料的适用于室内装饰。

2. 以水泥为主要基料的弹涂装饰工艺

基层处理→嵌批腻子→涂刷涂料二遍→弹花点→压抹弹点→防水涂料罩面。

（1）基层处理。用油灰刀把基层表面及缝、洞里的灰砂、杂质等铲刮平整，清理干净。如饰面上沾有油污、沥青可用汽油揩擦，除去油污。

（2）嵌批腻子。先把洞、缝用清水润湿，然后用水泥、黄砂、石灰膏腻子嵌平，其腻子配合比应与基层抹灰相同。如果洞、缝过大、过深，可分多次嵌补，嵌补腻子要做到内实外平、四周干净。

凡嵌补过腻子的部位都要用 1 号或 $1\frac{1}{2}$ 号砂布打磨平整，并清扫余灰。

（3）涂刷涂料两遍。所用涂料可视内、外墙不同要求自行选择，外墙涂料也可自行用白水泥配制，在自行配制中把各种材料按比例混合配成色浆后，要用 80 目筛过滤，并要求 2h 内用完。涂刷应自上而下地进行，刷浆厚度应均匀一致，正视无排笔接槎。

（4）弹花点。弹点用料调配时，先把白水泥与石性颜料拌匀，过筛配成色粉，将 108 胶和清水配成稀胶溶液，然后再把两者调拌均匀，并经过 60 目筛过滤后，即可使用，但要求材料现配现用，配好后 4h 内要用完。弹花点操作前要用遮盖物把分界线遮盖住。电动彩弹机使用前应按额定电压接线。操作时要做到料口与墙面的距离以及弹点速度始终保持相等，以达到花点均匀一致。

（5）压抹弹点。待弹上的花点有二成干，就可用钢皮批板压成花纹。轧花时用力要均匀，批板要刮直，批板每刮一次就要擦干净一次，才能使压点表面平整光滑。

（6）防水涂料罩面。刷防水罩面涂料主要适用于外墙面，为了保持墙面弹涂装饰的色泽，可按各地区的气候等情况选用罩面涂料，如甲基硅或聚乙烯醇缩丁醛等（缩丁醛∶酒精＝1∶15）。如用苯丙烯酸乳液罩面，其效果则更佳。大面积的外墙面可采用机械喷涂。

3. 以聚酯酸乙烯乳胶漆为基料的弹涂装饰工艺

基层处理→嵌批胶粉腻子两遍→涂刷乳胶漆两遍→弹花点→压抹弹点。

基层处理与以水泥为主要基料的弹涂工艺的基层处理相同。

（1）嵌批胶粉腻子两遍。以聚酯酸乙烯乳胶漆为主要基料的弹涂工艺主要适用于内墙及顶棚装饰，所以嵌批的腻子可采用胶粉腻子。

嵌批时,先把洞、缝用硬一点的腻子嵌平,待干后再满批腻子。如果满批一遍不够平整,用砂纸打磨后再局部或满批腻子一遍。嵌批腻子时应自上而下进行,凹处要嵌补平整,不能有批板印痕。

待腻子干透后,用 1 号或 $1\frac{1}{2}$ 号砂布全部打磨平整及光滑,并掸净粉尘。

(2)涂刷乳胶漆两遍。有色乳胶漆自行配成后,应用 80 目筛过滤,施涂时应自上而下地进行,要求厚度均匀一致,正视无排笔接槎。

(3)弹花点。在大面积弹涂前必须试样,达到理想的要求时可大面积弹涂,操作要领与以水泥为基料的弹涂相同。

(4)压抹弹点。可视装饰要求而定,有的弹点不一定要压抹花点,如需压抹花点,其操作要点与以水泥为主要基料的轧花点操作要点相同。

4.以 803 涂料为主要基料的弹涂装饰工艺

基层处理→嵌批胶粉腻子两遍→打磨→涂刷 803 涂料两遍→弹花点→压抹弹点。

(1)基层处理。与以水泥为基料的弹涂工艺的基层处理相同。

(2)嵌批胶粉腻子两遍:嵌批的材料宜用胶粉腻子,先用较硬的胶腻子把洞、缝嵌刮平整,再满批胶腻子两遍。待腻子干透后将物面打磨平整,掸净粉尘。

(3)涂刷 803 涂料两遍:涂刷要求与以聚酯酸乙烯乳胶漆为基料时的涂刷工艺要求相同。

(4)弹花点。与以聚酯酸乙烯乳胶漆为基料的弹涂工艺相同。

(5)压抹弹点。参照以聚酯酸乙烯乳胶漆为基料时的压抹弹点工艺要求。

5.操作注意事项

(1)彩弹所用的涂料均为酸、碱性物质,故不准用黑色金属做的容器盛装。彩弹饰面必须在木装修、水电、风管等安装完成以后才能进行施工,以免污染或损坏彩弹饰面(因损坏后难以修复)。

(2)每一种色料用好以后要保留一些,以备交工时局部修补用。如用户对色泽及品种方面有特殊要求,可先做小样后再施工。

（3）以上三种彩弹装饰工艺，所用的基料系水溶性物质涂料，故平均气温低于5℃时不宜施工，否则应采取保温措施。

（4）为保持花纹和色泽一致，在同一视线下以同一人操作为宜，在上下排架子交接处要注意接头，不应留下明显的接槎。

（5）电动弹涂机使用前应检查机壳、接地是否可靠，以确保操作安全。

四、滚花

滚花是利用滚花工具在已涂刷好的内墙面涂层上滚涂出各种图案花纹的一种装饰方法。其操作容易、简便，施工速度快，工效高，节约成本，与弹涂工艺相配合，其装饰效果可与墙纸和壁布媲美。

1.滚花工具

滚花工具有双辊滚花机和三辊滚花机两种，它们都由盛涂料的机壳和滚筒组成。双辊滚花机无引浆辊，只有上浆辊和橡皮花辊（滚花筒），工作时，由上浆辊将涂料直接传给滚花筒，就能在墙面上滚印。三辊滚花机由上浆辊、引浆辊和橡皮花辊组成，工作时三个辊筒同时转动，通过上浆辊将涂料传授给引浆辊，这时，在引浆辊上将多余涂料挤出，剩下的涂料再传给橡皮花辊，使滚花筒面上凸出的花纹图案上受浆，再滚印到墙面上。

2.滚花筒

滚花筒上的图案花纹有几十种，也可自行设计、制作自己所喜爱的图案花纹。

3.施工工序

基层处理→嵌批石膏腻子→刷水溶性涂料两遍→滚花。

4.施工工艺要点

（1）基层处理。滚花宜在平整的墙面上进行，所以对凸出的砂粒和沾污在墙面上的砂浆必须清理干净，并将整个墙面打磨一遍，然后掸净灰尘。

（2）嵌批石膏腻子。嵌批的材料用胶腻子，应先将洞、缝用较硬的腻子填刮平整，再满批胶腻子两遍，每遍干后必须打磨，以求使整个墙面平整。如墙面不平整,在以后的滚花中会出现滚花的缺损,影响质量。

(3)刷水溶性涂料两遍。涂刷何种水溶性涂料可根据需要自行选择,但涂刷的材料和滚花的材料应配套。

(4)滚花。

1)滚花必须待涂层完全干燥才可进行。

2)检查滚花机各辊子转动是否灵活;滚花用的涂料的黏度是否调配适宜。

3)在滚花前必进行小样试滚,达到理想要求后再大面积操作。

4)滚花操作:滚花时右手紧握机柄,也可用左手握住滚花机,使花辊紧贴墙面,从上至下垂直均速均力进行,滚花时每条滚花的起点花形必须一样;每条滚花的间距必须相等;对于边角达不到整花宽度的,可待滚花干燥后,将滚好部分用纸挡住,再滚出边角剩余部分的花样;待整个房间滚花完成后,全面检查一遍,遇到墙面不平而花未滚到处,可用毛笔蘸滚花涂料进行修补;滚花完成后,应将滚花筒拆下,冲洗干净,揩干备下次使用。

第八章	抹灰施工操作

第一节　内、外墙面一般抹灰

一、内墙面一般抹灰

1. 施工准备

(1) 作业条件。

1) 屋面防水或上层楼面面层已经完成,不渗不漏。

2) 结构施工完且通过验收。

3) 管道穿墙洞已安放套管,并用 1∶3 水泥砂浆或豆石混凝土堵塞严实,电线管、消火栓箱、配电箱等安装完毕(在阴角附近有管线时应在布置管线前先抹灰),接线盒用纸堵严。

4) 门、窗框安装完并通过验收,与门窗洞口连接处缝隙已塞实,门口已做保护处理。

5) 根据室内高度和抹灰现场情况,提前搭好架子(架子离墙 200～250mm,以利于抹灰操作)。

6) 混凝土基层表面有蜂窝麻面,孔洞要剔到实处,刷素水泥浆一道,随即用 1∶3 水泥砂浆分层补平。砖基层上的脚手眼堵严,窗台板安(砌)好,砖隔墙与板底、梁底斜砌(或加木楔、嵌膨胀砂浆)砌实。

(2) 材料准备:内墙抹灰材料要求见本章第二节顶棚抹灰,用料配合比见表 8-1。

表 8-1　　　　　　　　　　墙面抹灰砂浆参考配合比

砂浆名称	配合比	1m³ 砂浆材料用量			
		32.5 水泥/kg	石灰膏/m³	石灰/kg	净砂/kg
水泥砂浆	1∶2.5	438	—	—	1387
	1∶3	379			1448
水泥石灰膏砂浆	1∶0.3∶3	361	0.09	56	1270
	1∶1∶6	195	0.16	140	1275

(3) 机具准备:墙面抹砂浆的主要机具参见本章第二节顶棚抹灰。

2.施工工艺流程

基层清理→浇水湿润基层→找规矩、做灰饼→设置标筋→阳角做护角(管道背后阴角先抹灰)→抹底灰、中层灰→抹窗台、踢脚板(或墙裙)→抹面层→清理。

3.施工要点

(1)一般施工要点如下。

1)找规矩、做灰饼:用一面墙做基准先用方尺规方。房间面积较大时应先在地上弹出十字中心线然后按基层面平整度弹出墙角线,随后在距墙阴角100mm处吊垂线并弹出铅垂线,再按地上弹出的墙角线往墙上翻引弹出阴角两面墙上的墙面抹灰层厚度控制线(厚度包括中层抹灰),以此做灰饼。

2)冲筋:在灰饼间抹灰,(水平方向)厚度与宽度与灰饼相同。上下水平标筋应在同一铅垂面内。阴阳角的水平标筋应连起来并应互相垂直,见图8-1。

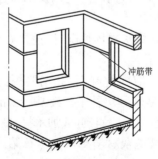

图8-1 水平冲筋示意

3)护角一定要在抹大面前做。护角高度一般不少于2m,每侧宽度不少于5cm。抹护角应使用阳角抹子,抹阴角应使用阴角抹子,或采用3m长的阳角尺、阴角尺搓动,使阴、阳角线顺直。

4)抹窗台、踢脚板(或墙裙):分层抹灰窗台用1:3水泥砂浆打底,表面划毛,养护1d,刷素水泥浆一道,抹1:2.5水泥砂浆罩面灰,原浆压光。踢脚(墙裙)应根据50cm线找准高度,并控制好水平、垂直和厚度(比大面突出3~5mm),上口切齐,压实抹光。

5)大面抹灰与本章第二节顶棚抹灰基本相同。

(2)常见内(外)墙、墙裙分层做法要点见表8-2。

表8-2　　　　　　常见内(外)墙、墙裙分层做法要点　　　　　(单位:mm)

部位	基层材料	分层做法	饰面层	厚	操作要点
内(外)墙	砖墙	①10~13厚石灰膏砂浆打底; ②6~8厚石灰膏砂浆; ③2厚纸筋灰罩面	涂料	18~23	①一般情况下,冲完筋约2h就可以抹底子灰,不宜过早或过迟; ②抹底子灰应分层装档,第一层应薄薄抹一层,然后逐步抹至冲筋带平,再用大杠刮平,木抹搓毛; ③混凝土墙基上应先刷一道素水泥浆(内掺108胶); ④底灰分层分遍与冲筋抹平,每遍厚度宜为5~7mm; ⑤水泥砂浆罩面或混合砂浆罩面宜2遍成活,薄薄地刮第一道,使其与底层抓牢,紧跟着抹第二遍,用大杠刮平、找直,用铁抹子压实赶光; ⑥底灰抹平后,应设专人先把预留孔洞、电气箱、槽、盒周边50mm的石灰砂浆清理干净(若用石灰砂浆打底),然后用混合砂浆抹上述口、洞、槽边抹方正、光滑、平整,比底灰高2mm
		①13厚1:0.3:3水泥石灰膏砂浆打底、扫毛或划出纹道; ②5厚1:0.3:2.5水泥石灰膏砂浆罩面,赶实压光	油漆	18	
	混凝土墙	①13厚1:3水泥砂浆打底、扫毛或划出道; ②5厚1:2.5水泥砂浆罩面,赶实压光	涂料	18	
		①刷素水泥浆一道(内掺水质量3%~5%的108胶); ②12厚1:3:9水泥石灰膏砂浆打底; ②2厚纸筋灰罩面	涂料	14	
		①刷素水泥浆一道(内掺水质量3%~5%的108胶); ②7~11厚1:3:9水泥石灰膏砂浆打底; ③7~8厚1:3石灰膏砂浆; ④2厚纸筋灰罩面	涂料	16~21	
		①刷素水泥浆一道(内掺水质量3%~5%的108胶); ②13厚1:0.3:3水泥石灰膏砂浆打底; ②5厚1:0.3:2.5水泥石灰膏砂浆罩面压光	油漆	18	

部位	基层材料	分层做法	饰面层	厚	操作要点
内(外)墙	加气混凝土墙	①刷(喷)108胶水溶液一道; ②6厚2∶1∶8水泥石灰膏砂浆打底、扫毛; ③5厚1∶1∶6水泥石灰膏砂浆扫毛; ④5厚1∶2.5水泥砂浆罩面,赶实压光	涂料	16	①108胶水溶液配比:108胶∶水＝1∶4; ②一般情况下,冲完筋约4h可以抹底灰; ③底子灰5～6成干时即可抹罩面灰; ④洞口、槽、盒边缘处理同砖墙、混凝土墙
墙裙	砖墙	①12厚1∶3水泥砂浆打底、扫毛或划出纹道; ②8厚1∶3水泥砂浆扫毛; ③5厚1∶2.5水泥砂浆罩面,赶实压光	①砂浆墙裙 ②油漆乳胶漆	25	同前
	混凝土墙	①刷素水泥浆一道(内掺水质量3%～5%的108胶); ②10厚1∶3水泥砂浆打底、扫毛; ③8厚1∶3水泥砂浆扫毛; ④5厚1∶2.5水泥砂浆罩面,赶实压光	①砂浆墙裙 ②油漆 ③乳胶漆	23	同前
	加气混凝土墙	①刷(喷)108胶水溶液一道,配比为108胶∶水＝1∶4; ②5厚1∶0.5∶4水泥石灰膏打底、扫毛; ③8厚1∶1∶6水泥石灰膏扫毛; ④5厚1∶2.5水泥砂浆罩面,赶实压光	①砂浆墙裙 ②油漆 ③乳胶漆	18	同前
		①刷(喷)108胶水溶液一道; ②5厚2∶1∶8水泥石灰膏砂浆打底、扫毛; ③6厚1∶1∶6水泥石灰膏砂浆; ④5厚1∶0.3∶2.5水泥石灰膏砂浆罩面压光	油漆	16	同前

(3)质量通病、原因及防治如下。

1)面层起泡、开花、有抹纹,其原因分析及防治见本章第二节相关内容。

2)砖墙、混凝土基层抹灰空鼓、裂缝,其原因分析及防治见表8-3。

3)加气混凝土墙抹灰空鼓、裂缝,其原因分析及防治见表8-4。

4)抹灰面不平整、阴阳角不垂直、不方正,其原因分析及防治见表8-5。

表 8-3　　　　　　砖墙、混凝土基层抹灰空鼓、裂缝的原因及防治措施

原 因 分 析	防 治 措 施
此种空、裂常出现在门窗旁抹灰及门窗框与墙面连接处,还出现在墙裙、踢脚板上口: ①门窗框两边塞灰不严,预埋木砖间距过大或木砖松动,经开关振动造成空裂; ②基层平整度偏差大,低凹处一次抹灰过厚,干缩率大引起空裂; ③基层清理不干净或墙面浇水不透,抹上墙的砂浆水分很快被吸收; ④砂浆原材料不好,如砂子含泥量过大等	①抹灰前必须认真做好基层处理: a. 必须堵好脚手眼,清除油污、隔离剂等; b. 明显的凹凸部位应分层填抹平或剔除,太光滑的表面应凿毛; c. 不同基层相接处应钉钢板网,搭接宽度不小于10mm。 ②抹灰前墙面应浇水:根据气候环境掌握,砖墙一般浇两遍,砖面渗水深8～10mm,混凝土墙吸水率低可少浇一些。如果底灰已经干透则应在抹中层灰前浇水湿润; ③砂浆拌和应使其具有良好的和易性,和易性的好坏取决于砂浆的沉入度(稠度);稠度控制一般为底层砂浆10～12cm,中层砂浆7～8cm,面层砂浆10cm; ④注意中层砂浆强度不能高于底层的,底层砂浆强度不能高于墙体的,以免在凝结过程中产生较强的应力,产生收缩裂缝,进而空鼓; ⑤门、窗框与洞口接缝派专人填塞

表 8-4　　　　　　加气混凝土墙抹灰空鼓、裂缝的原因及防治措施

原 因 分 析	防 治 措 施
①基层清理不干净或处理不当; ②基层砌筑偏差大,未先处理凹凸不平就大面积抹灰; ③门窗口构造不正确或处理不当; ④抹灰程序未按加气混凝土基层的特殊情况特殊考虑	①墙体表面浮灰,松散颗粒应在抹灰前认真清扫干净,提前两天浇水(每天2次或3次)使渗水深度达到8～10mm; ②底层灰使用砂浆强度不宜过高,一般应选用1:3石灰砂浆或1:1:6的混合砂浆; ③抹石灰砂浆前应先刷108胶水溶液一道(108胶:水=1:(3～4));抹混合砂浆前先刷一道108胶素水泥浆(内掺水泥质量10%～15%的108胶); ④在门窗洞口应砌砖砌体,增加墙体与门、窗框连接强度; ⑤底灰抹好后,随即喷YH-2防裂剂

表 8-5　　　　抹灰面不平整、阴阳角不方正、不垂直的原因及防治措施

原 因 分 析	防 治 措 施
①抹灰前挂线、做灰饼和冲筋不认真,阴、阳角两边未冲筋; ②未使用专用工具,无法控制阴阳角的垂直与方正	①按规矩将房间找方、挂线、找垂直、贴灰饼。在顶棚上弹出抹灰厚度控制线及阴阳角线; ②做水平冲筋带,应交圈; ③抹阴、阳角要使用阴角尺、阳角尺冲筋、找垂直,用阴、阳角抹子抹阴、阳角,随时用角尺检查角的方正

二、外墙面一般抹灰

1.施工准备

(1)作业条件如下。

1)主体结构施工完毕,外墙所有预埋件,嵌入墙体的各种管道已安装完毕,阳台栏杆及其他附件等已安装好,结构通过验收。

2)门窗框已安好,经检查合格(即位置正确,连接牢固,框与墙的缝隙已嵌填密实)。

3)脚手架已按规定搭设,安全可靠(一般横竖杆要离开墙面及墙角200~250mm,以利操作。严禁使用单排架子,严禁在墙上预留孔洞)。

4)在结构验收合格后抹灰前仍要在大面两个面,阳台、窗台、磴脸两侧,根据图示尺寸要求,用经纬仪打出基准线,确定抹灰厚度,作抹灰打底的依据。

(2)材料准备:外墙抹灰材料准备参见本章第一节内墙抹灰。

(3)机具准备如下。

1)主要机具除与内墙抹灰一样,还应有卷扬机、井字架等垂直运输机具。

2)主要工具基本同室内抹灰,还应有经纬仪等工具。

2.施工工序

基层处理→浇水湿润基层→吊垂直、套方、找规矩→做灰饼、标筋→抹底层灰→抹中层灰→弹线分格、嵌分格条→抹面层灰→抹滴水线→起分格条→养护。

3.施工要点

(1)抹灰顺序:外墙面抹灰应先上部后下部、先檐口再墙面(包括门

窗周围、窗台、阳台、雨篷等)。大面积外墙抹灰为缩短工期可适当分段作业,一次不能完成时可在阴阳角交接处或分格缝间断施工。

(2)吊垂直、套方、找规矩:按墙面上已弹的基准线,分别在门窗口角、垛、墙面等处吊垂直、套方、做灰饼。并按灰饼冲筋,以墙面上冲筋来控制墙面的平整。

(3)抹底层、中层砂浆:在把基层清理干净,处理好后先刷一道108胶水泥浆,紧跟着抹1∶3水泥砂浆,每遍厚度宜在5~7mm。分层抹抹到与冲筋平,并用大杠刮平,木抹子搓毛。

(4)底层砂浆、中层砂浆抹好后第二天即可抹面层砂浆,首先应将墙湿润,按图纸的分格尺寸弹分格线,粉分格条、滴水线条,然后抹面层砂浆。其操作要点同内墙面抹灰。

(5)滴水线(槽)施工时应注意在檐口、窗台、窗楣、雨篷、阳台、压顶和突出墙面的凸线等上面做流水坡度,下面做滴水线(槽)。窗台上面的抹灰层应深入窗框下坎裁口内,堵塞密实。

流水坡及滴水线(槽)距外表面不小于40mm,滴水槽深度和宽度一般不小于10mm,滴水线俗称鹰嘴,应保证其坡向正确,见图8-2。

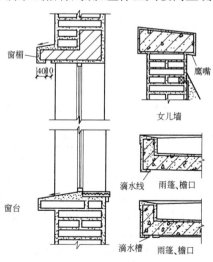

图8-2　滴水线做法示意

(6)抹滴水线槽应先抹立面,后抹顶面,再抹底面。分格条(米厘条)可在面层抹好后拆除。采用"隔夜条"的罩面层必须待面层砂浆达到适当强度后方可拆除。

(7)分层做法要点参见内墙抹灰分层做法(表8-2)。

(8)质量通病、原因及其防治。

外墙抹水泥砂浆质量通病主要有空鼓、裂缝;接缝有明显抹纹,色泽不匀;阳角、雨罩、窗台、窗套等抹灰饰面在水平和垂直方向不一致。

1)空鼓、裂缝的原因及其防治措施见表8-6。

表8-6　　　　　　　　　空鼓、裂缝的原因及其防治措施

原因分析	防治措施
①基层处理不好,清扫不干净,墙面浇水不透或不匀,影响底层砂浆与基层的黏结; ②一次抹灰太厚,或各层跟得太紧; ③不同基层面打底前未作技术处理; ④夏季施工砂浆失水太快,又未即时养护; ⑤冬季施工未有技术措施; ⑥窗台抹灰开裂因在窗口处墙身和窗间墙自重大小不同,传递到基础上,承受压力和沉陷量不同引起结构沉降	①抹灰前一定要将基层处理好,并清扫干净,混凝土表面凸出较大的地方要先剔平扫净,再刷108胶水泥浆一道,然后用1:3水泥砂浆修补,墙上的孔洞等也应这样先进行处理; ②抹灰要分遍分层,每遍不要太厚,如果局部结构偏差需加厚抹灰层,则应采取钉钢板网等措施; ③大面积抹灰应设分格缝,以克服明显接槎,防止砂浆收缩开裂; ④夏季避免在日光暴晒下进行抹灰,罩面成活后第二天浇水养护且不少于7d; ⑤尽量推迟抹窗台的时间,且加强抹灰后的养护

2)接槎有明显抹纹、分格缝不直不平的原因及其防治措施,见表8-7。

表8-7　　　　　接槎有明显抹纹、分格缝不直不平的原因及其防治措施

原因分析	防治措施
①接槎有抹纹是由于墙面没有分格或分格太大或抹灰留槎位置不正确(留在脚手架立杆、横杆位置);罩面灰压光操作方法不当; ②没统一弹水平线和吊垂线;木分格条浸水不透,粘贴和起分格条操作不当,造成分格缝不直和缺棱、错缝	①接槎位置留在分格缝处或阴阳角、水落管处,阳角抹灰应用粘贴反八字尺的方法操作。用木抹子搓毛面时应做到轻重一致,先以圆圈形搓抹,然后上下抽拉,方向一致; ②墙面、柱面等分格缝应统一弹线,找好规矩,事先应做好分格设计; ③木分格条应浸泡透,水平分格条应粘在水平线下边,竖面分格条应黏在垂线左侧

3）窗台等抹灰饰面在水平和垂直方向不一致的原因及其防治措施，见表 8-8。

表 8-8　阳台、雨罩、窗台等抹灰饰面在水平和垂直方向不一致的原因及其防治措施

原 因 分 析	防 治 措 施
①结构施工时，混凝土浇筑或构件安装偏差过大，抹灰不易纠正； ②抹灰前未打通线检查或拉通线、垂线加以控制	①结构施工时应上下吊垂线，水平拉通线，以保证其偏差在允许范围内； ②抹灰前应在阳台、阳台分户隔板、雨罩、柱垛、窗台等处的水平和垂直方向拉通线找平、找正，每步架贴灰饼再进行抹灰

第二节　顶 棚 抹 灰

一、施工准备

1. 作业条件

（1）屋面防水及楼面面层施工已完。穿顶棚的各种管道已经安装就绪，顶棚上的灯具及其他设备的埋件已安装就位并通过验收。设备安装后遗留的孔洞、缝隙已清理并填实堵严。

（2）现浇混凝土板顶棚表面油污（油性脱模剂）等清除干净并用钢丝刷满刷。顶棚因混凝土浇捣遗留的质量缺陷已整改合格。预制板顶棚也需清除表面油污，同时板缝已填补抹平（用 1∶3 水泥砂浆）。

（3）木板条顶棚、板条钢板网顶棚、钢板网顶棚等基层施工完且通过验收。

2. 材料准备

顶棚抹灰材料要求符合国家标准规定，需要复检的应按规定进行复检。用料配合比见表 8-9、表 8-10。

3. 机具准备

（1）主要机具：砂浆搅拌机、粉碎淋灰机和纸筋灰搅拌机等。

表 8-9 现浇混凝土板顶棚抹灰常用做法

抹灰构造层	做法例Ⅰ	
	材料混合比	抹制厚度/mm
底层抹灰 (黏结层)	水泥：石灰膏：砂＝1：0.5：1 (先用聚合物水泥浆涂底)	2
中层抹灰 (找平层)	水泥：石灰膏：砂＝1：3：9	6～8
面层抹灰 (装饰层)	传统做法为细纸筋石灰浆"粉面"，大面抹光或做成小拉毛，塑制浮雕线条及浮雕图案等	2～3 (按具体 工程设计)
抹灰构造层	做法例Ⅱ	
	材料混合比	抹制厚度/mm
底层抹灰 (黏结层)	聚合物水泥浆涂刷基层	1～2
中层抹灰 (找平层)	水泥：砂＝1：3	5
面层抹灰 (装饰层)	水泥：砂＝1：2.5 罩面，表面喷涂或辊涂涂料饰面	4～6

表 8-10 预制混凝土板顶棚抹灰常用做法

抹灰构造层	材料混合比	抹制厚度/mm
底层抹灰 (黏结层)	水泥：砂＝1：1(掺适量醋酸乙烯乳液)	2～3
中层抹灰 (找平层)	水泥：石灰膏：砂＝1：3：9	4～6
面层抹灰 (装饰层)	传统做法为细纸筋石灰浆"粉面"，大面抹光或做成小拉毛、塑制浮雕线条及浮雕图案，也可做涂料饰面	2～3 (按具体工程)

(2)主要操作工具:木抹子——用于压实搓平底子灰表面;铁抹子和钢皮抹子——前者用于抹底子灰,后者用于抹水泥砂浆面层;塑料抹子(用硬质聚乙烯板做成)——用于压光纸筋灰面层等;阴角抹子和阳角抹子——前者用于压光阴角,后者用于压光阳角;挥角器——用于摇素水泥浆抱角。此外还有木杠、托线板、靠尺、卷尺、粉线包、筛子、灰桶等工具。

二、施工工序

弹水平线→洒水湿润→做结合层(仅适用于混凝土基层)→抹底灰、抹中层灰→抹罩面灰。

三、施工要点

1. 一般施工要点

(1)清洁混凝土板顶棚基层。用10%浓度的氢氧化钠溶液清洗油迹,然后用清水清洗。

(2)弹水平线。按抹灰层的厚度在四面墙上弹出水平线,用以控制顶板抹灰厚度,更主要的是为确保顶棚阴角线成顺直的直线。

(3)做结合层。太光滑的混凝土板顶棚需先凿毛,扫净浮灰,刷素水泥浆一道(内掺水质量3%～5%的108胶)。不太光滑的混凝土板顶棚在清除油污后可涂刷素水泥浆一道(内掺水质量3%～5%的108胶),并用扫帚拉毛。

(4)抹底灰与抹中层灰。抹底灰要用力压使砂浆挤入细小缝隙内,底灰要抹得薄,不漏抹,底板抹完后紧接着抹中层灰、找平。但是,对混凝土顶棚,应在底灰养护一段时间(一般为2～3d)再抹中层灰。

(5)抹罩面灰。宜两遍成活,控制灰厚度不大于3mm。第一遍尽量薄,紧接着抹第二遍。罩面应在中层灰6～7成干时进行。

(6)在顶棚上做灰线。应先做好灰线再抹顶棚灰。

2. 常见顶棚抹灰分层做法

常见顶棚抹灰分层做法要点见表8-11。

表 8-11　　　　　　　常见顶棚抹灰分层做法要点　　　　　　(单位:mm)

基层材料	分层做法	饰面层	施工要点
预制混凝土板	①1:1 水泥砂浆(内掺 2%醋酸乙烯乳胶)打底; ②6 厚 1:3:9 水泥石灰砂浆找平; ③2 厚纸筋灰罩面	涂料厚 10	①适用于高级装饰抹灰; ②底灰养护 2～3d 再做找平层
板条顶棚	①3 厚麻刀灰掺 10%水泥打底(挤入板条缝内); ②1:2.5 石灰膏砂浆挤入底灰中(无厚度); ③5 厚 1:2.5 石灰膏砂浆; ④2 厚纸筋灰罩面	涂料厚 10	在较大面积的板条顶棚上抹麻刀石灰砂浆前应用 25cm 长的麻丝拴在钉子上,钉在吊顶的小龙骨上,间距 30cm,梅花状,抹底子灰时,将麻丝分成燕尾状抹入
现浇混凝土板	①板底面刷素水泥浆一道(内掺水质量 3%～5%的 108 胶); ②2 厚 1:0.5:1 水泥石灰膏砂浆打底; ③6 厚 1:3:9 水泥石灰膏砂浆; ④2 厚纸筋灰罩面	喷顶棚涂料厚 10	①抹底灰时必须与模板木纹方向垂直(或与楼板接缝方向垂直); ②先抹顶棚四周再抹大面,抹完后用木刮尺顺平,再用木抹子搓平; ③中层抹灰 6～7 成干时抹罩面灰,如果中层过干发白应适当洒水湿润
	①板底面刷素水泥浆一道(内掺水质量 3%～5%的 108 胶); ②5 厚 1:0.3:3 水泥石灰膏砂浆打底、扫毛; ③5 厚 1:0.3:2.5 水泥石灰膏砂浆罩面	油漆乳胶漆厚 10	

续表

基层材料	分层做法	饰面层	施工要点
现浇混凝土板	①板底面刷素水泥浆一道（内掺水质量3%～5%的108胶）； ②5厚1：3水泥砂浆打底、扫毛； ③3.5厚1：2.5水泥砂浆罩面	涂料油漆厚10	罩面应两遍成活,第二遍紧跟第一遍做,且抹的方向与第一遍方向垂直
钢板网顶棚	①3厚1：2：1水泥石灰膏砂浆(挤麻刀)打底； ②1：0.5：4水泥石灰膏砂浆挤入底灰中(无厚度)； ③6厚1：3：9水泥石灰膏砂浆； ④2厚纸筋灰罩面	涂料厚11	打底同板条顶棚抹灰,中层抹灰用混合砂浆
混凝土顶棚抹石膏灰	①1：2：9水泥石灰混合砂浆打底； ②6：4或5：6石膏石灰膏灰浆罩面,也可用石膏掺水胶	涂料	石膏灰浆应随拌随抹
钢板网顶棚抹石膏灰	①1：2～1：3麻刀灰砂浆打底抹平(两遍成活)； ②13：6：4(石膏粉：水：石灰膏)罩面,两遍成活,并随即用铁抹子修补压光两遍,最后用铁抹子溜光至表面密实光滑	涂料	①麻刀应用白麻丝,麻刀丝应在20d前化好备用； ②石膏宜用2级建筑石膏； ③罩面石膏灰配制:先将石灰膏加水拌匀,然后按比例徐徐加入石膏粉,拌匀,稠度10～12cm

3. 顶棚抹灰质量通病、原因及防治

（1）面层起泡、开花、有抹纹，其原因分析及防治措施，见表 8-12。

表 8-12　　　　　面层起泡、开花、有抹纹的原因及防治措施

原 因 分 析	防 治 措 施
①抹完罩面灰后，压光工作跟得太紧，灰浆没有收水，压光后产生起泡现象； ②底子灰太干，未浇水湿润，抹灰后水分很快被吸收，压光时易出现抹纹； ③淋灰时对慢性灰、过火灰颗粒及杂质没有滤净，灰膏熟化不够，混入抹灰砂浆中，抹灰后，继续熟化，体积膨胀造成抹灰表面爆裂、开花	①底子灰干至 5～6 成即进行罩面抹灰，若底子灰过干应浇水湿润。罩面从阴角开始，先薄薄刮一遍，第二遍垂直于第一遍方向，找平，再用铁抹子顺抹子纹压光； ②水泥砂浆罩面应在底子灰抹完后第二天进行，用刮杠刮平、木抹子搓平，然后用铁皮抹子揉实压光，当底子灰较干时，罩面灰不易压光，用劲过大会造成底层与面层移位而空鼓； ③严禁使用未熟化好的灰膏，用生石灰粉也要提前 1～2d 熟化成石灰膏才能使用

（2）混凝土顶棚抹灰空裂的原因分析及防治措施，见表 8-13。

表 8-13　　　　　混凝土顶棚抹灰空裂的原因及防治措施

原 因 分 析	防 治 措 施
①基层清理不净，抹灰前浇水不透； ②预制混凝土楼板安装不平，相邻板高差较大，抹灰厚薄不均； ③板缝"吊缝"浇灌不密实，在挠曲变形的情况下，沿板缝方向产生裂缝； ④砂浆配合比不当或底子灰与板黏结不牢	①现制混凝土板不应有夹渣，混凝土板面的杂物、油污必须先清理干净，板面有蜂窝麻面应先修补抹平； ②板缝应用 C20 混凝土浇灌密实，然后用 1∶2 水泥砂浆勾缝找平； ③混凝土板抹灰前应浇水湿透，宜采用 1∶1 水泥砂浆内掺 20% 的乳胶或 108 胶的浆料做小拉毛结合层

（3）钢板网顶棚抹灰空裂原因分析及防治措施，见表 8-14。

表 8-14　　　　　　钢板网顶棚抹灰空裂的原因及防治措施

原 因 分 析	防 治 措 施
①当混合砂浆中的水泥比例较大时,在空气中硬化,若养护不好,会增加砂浆的收缩率,产生裂缝,收缩裂缝贯穿后,会锈蚀钢板网,引起脱落,或者面层细微裂缝造成混合砂浆继续硬化,不断收缩、变形,进而使底层与面层分离; ②由于抹灰后,钢板网产生弹性形变而使抹灰层之间产生剪应力,造成开裂; ③操作不当,木筋含水率高等	①钢板网抹灰时,底层与面层最好采用相同砂浆,使用混合砂浆时要控制水泥用量,并及时养护; ②顶棚吊筋必须牢固,钢板网搭接 3～5cm,用 22# 铁丝绑扎在钢筋上,增加钢板网的刚度; ③较大面积的钢板网顶棚应采用先挂麻丝束的办法,增加黏结力; ④若能封闭门窗口,则可使抹灰层在潮湿空气中养护,效果更好

第三节　外墙面装饰抹灰

常见的外墙装饰抹灰有水刷石、干粘石、斩假石、美术水磨石、拉毛灰、拉条灰、仿石材等。前四种为石碴装饰抹灰,后几种为砂浆装饰抹灰。

一、水刷石装饰施工工艺

1. 材料准备

(1)水泥采用不低于 P·O 42.5 的普通水泥、白水泥或彩色水泥,且应是同一厂家生产的同一批号、同一强度等级、同一颜色的。

(2)颜料应是矿物颜料,一次与水泥干拌均匀,装袋备用。

(3)可用中、小八厘石,着色砂粒、瓷粒等,要求坚硬均匀、色泽一致、洁净。

2. 机具准备

除采用一般抹灰中外墙抹灰工具外还需用喷雾器。

3. 施工工序

基层处理→抹底子灰、中层灰→弹线、贴分格条→抹面层石子浆→刷洗面层→起分格条及浇水养护。

4. 分层做法及施工要点

水刷石(包括水刷豆石、清水砂墙面)分层做法及施工要点见表 8-15。

表 8-15　　　　　　　　水刷石分层做法及施工要点　　　　　　　(单位:mm)

分项名称	基层名称	分 层 做 法	厚度	施 工 要 点
水刷石墙面	砖墙	①12厚1:3水泥砂浆打底、扫毛或划出纹道; ②刷素水泥浆一道(内掺水质量3%～5%的108胶); ③8厚1:1.5水泥石子(小八厘)或10厚1:1.25水泥石子(中八厘)罩面	20～22	①抹底子灰前要做基层处理并清洁基层,其操作要点同一般抹灰; ②弹线分格要求横条大小均匀、竖条对称一致,把用水浸透的木分格条用黏稠的素水泥浆粘在所弹的墨线上,两侧抹成八字形,灰埂斜度为45°或60°,要求粘牢; ③待底层灰硬化后,刷素水泥浆,随即用钢抹子抹水泥石子浆,抹完一块后用靠尺检查,及时增补,每一分格内从下边抹起,边抹边拍打揉平,特别要注意阴阳角,避免出现黑边
	混凝土墙	①刷素水泥浆一道(内掺水质量3%～5%的108胶); ②6厚1:0.5:3混合砂浆打底、扫毛; ③刷素水泥浆一道(内掺水质量3%～5%的108胶); ④8厚1:1.5水泥石子(小八厘)或10厚1:1.25水泥石子(大八厘)罩面	14～16	面层开始凝固时,开始刷洗面层水泥浆,喷刷分两遍进行。第一遍先用软毛刷蘸水刷掉面层水泥浆,露出石粒,第二遍紧跟着用喷雾器将四周相邻部位喷湿,然后由上向下顺序喷水,喷头距墙面10～20cm,洗掉表面水泥浆,使石子外露为粒径的1/2,然后用小水壶从上往下冲水,冲洗干净,冲洗时不要过快,同时避免大风,否则墙面发花
水刷小豆石墙面	加气混凝土墙	①刷(喷)108胶水溶液(配比:108胶:水=1:4)一道; ②6厚2:1:8水泥石灰膏砂浆打底; ③6厚1:1:6水泥石灰膏砂浆刮平、扫毛; ④刷素水泥浆一道(内掺水质量3%～5%的108胶); ⑤8厚1:1.5水泥石子(小八厘)或10厚1:1.25水泥石子(大八厘)罩面	20～22	①喷刷完成后,适时起出分格条,并用小线抹子抹平,抹顺分格缝; ②根据设计要求勾缝; ③若用白水泥石子浆做水刷石墙面,则在最后喷刷时,用草酸稀释液洗一遍,再用清水洗一遍

续表

分项名称	基层名称	分层做法	厚度	施工要点
水刷小豆石墙面	砖墙	①12 厚 1∶3 水泥砂浆打底、扫毛； ②刷掺 108 胶的素水泥浆一道； ③12 厚 1∶1.25 水泥小豆石罩面	22	同上
	混凝土墙面	①刷素水泥浆一道(内掺水质量 3%～5%的 108 胶)； ②10 厚 1∶3 水泥砂浆打底、扫毛； ③刷素水泥浆一道； ④12 厚 1∶1.25 水泥小豆石罩面(粒径以 5～8mm 为宜)		

5. 水刷石饰面的质量通病、原因及防治措施

(1)空鼓：原因基本上与外墙抹水泥砂浆发生空鼓的原因相同，此外还在于在抹水泥石子浆前刮刷素水泥浆不匀或漏刷，或是刷完素水泥浆后没有紧跟着抹水泥石子浆罩面，影响黏结效果。

防治的办法一般是采取外墙抹水泥砂浆防空鼓、裂缝的措施。还应注意一定要做素水泥浆结合层，并且要随刷随抹，不要间隔。刷素水泥浆也应是在基层底子灰湿润时(六七成干)进行。

(2)阴阳角不垂直、有黑边的原因及其防治措施见表 8-16。

(3)石子不匀或脱落、饰面浑浊不清晰的原因及其防治措施，见表8-17。

表 8-16　　　　　　　　阴阳角不垂直、有黑边的原因及其防治措施

原因分析	防治措施
①抹阳角时操作不当; ②阴角处抹石子浆一次成活,没弹垂线找规矩; ③抹阳角石子浆时,第一天抹完一节,第二天抹第二节时,把靠尺贴在第一天抹好的阳角上,用抹子抹压,石子浆的空隙被石子挤严,面层收缩,水泥浆被冲掉后,就比已做好的略低一些,如此重复,阳角就会不顺直、不垂直; ④喷洗阴阳角时,喷水角度和时间掌握不当,石子被冲掉,露黑边	①抹阳角时,抹光的一侧不宜用八字尺,应将石子浆稍抹过转角,然后再抹另一侧,抹另一侧时应用八字尺将角靠直、找齐。接头处石子要交错,避免出现黑边。阴角可用短靠尺顺阴角轻轻拍打,使阴角顺直; ②抹到阴角处应先弹线找规矩,面层分两次成活,先做一个平面、再做另一个平面; ③喷水洗刷时,阳角处应骑角喷,喷洗阴角时,要掌握好时间、速度

表 8-17　　　　　水刷石面层石子不匀或脱落、面层浑浊的原因及其防治措施

原因分析	防治措施
①石碴使用前没有洗净过筛; ②分格条粘贴操作不当; ③底子灰干湿程度掌握不好。底层太干燥面层石子浆干得快,抹压不易均匀,产生假凝现象,冲洗后很多石子尖朝外,显得稀疏不匀; ④喷水过早,面层还软时,石子被水冲掉; ⑤喷水过迟时面层已干,喷水洗刷石子易脱落,且凝固的水泥浆不能洗掉而显浑浊; ⑥刮风天洗刷,或在接槎时洗刷,洗刷的带浆水的飞沫溅到已洗好的墙面上造成污染; ⑦用小水壶冲洗速度不当。过快,混水冲不干净;过慢,产生坠裂	①所有原材料必须符合要求; ②分格条宜采用红松料制作,粘贴前应放水中浸泡透,贴时按规范两侧抹八字形黏稠素水泥浆,以 45°坡为宜; ③开始喷洗时,应以手指按上去无痕,或用刷子刷石子不掉粒为宜。喷洗时要均匀,洗到石子露出灰浆面 1~2mm,若发现石子不匀,应用铁抹子轻轻拍压;如发现有风裂,用铁抹子压实,防止喷水冲墙造成坍塌; ④冲洗速度不要过快或太慢; ⑤接槎处刷水时,应先把已经完成的水刷石墙面喷湿 30cm 左右,然后由上往下洗刷。刮风天不宜做水刷石施工

二、干粘石装饰施工工艺

1. 材料准备

干粘石所用材料及要求同水刷石施工。

2.机具准备

(1)托盘:400mm×350mm×60mm 木制盘,见图 8-3(a)。

(2)木拍(图 8-3(b))及一般抹灰用工具。

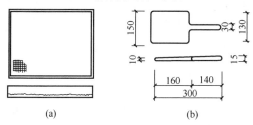

图 8-3　托盘及木拍示意

(a)托盘;(b)木拍

(3)空压机(0.6～0.8MPa)。

(4)干粘石喷枪。

3.施工工序

基层处理→抹底子灰、中层灰→弹线、粘分格条→抹黏结层砂浆→(喷)撒石粒压平→起分格条→清理修整。

4.分层做法及施工要点

干粘石墙面与喷粘石墙面的分层做法及操作要点见表 8-18 和表 8-19。

表 8-18　　　　　　干粘石墙面分层做法及操作要点　　　　(单位:mm)

基层	分 层 做 法	操 作 要 点
砖墙	①12 厚 1:3 水泥砂浆打底、扫毛; ②6 厚 1:3 水泥砂浆; ③刮 1 厚 108 胶素水泥浆黏结层(质量比:水泥:108 胶＝1:(0.3～0.5)),干粘石面层拍平、压实(用小八厘石子与 6 厚水泥砂浆层连续操作)	①基层处理,抹底子灰、中层灰同一般抹灰中的外墙抹灰; ②弹线、粘贴分格条同水刷石; ③用水湿润底层,抹黏结层砂浆,当石子为小八厘时,黏结层厚 4;当石子为中八厘时,黏结层厚 6;用石子为大八厘时,黏结层可为 8,并且在石粒中应略掺石屑,黏结层抹好后,随即刮 108 胶素水泥浆,随后开始撒石粒

基层	分层做法	操作要点
混凝土墙	①刷素水泥浆一道（内掺水质量3%～5%的108胶）； ②6厚1：0.5：3水泥石灰膏砂浆刮平、划出纹道； ③6厚1：3水泥砂浆； ④同砖墙	人工撒石粒应3人同时连续操作，1人刮108胶水泥浆，1人撒石子，1人随即用铁抹子将石子均匀拍入黏结层
加气混凝土墙	①刷（喷）一道108胶水溶液（配比：108胶：水＝1：4）； ②10厚2：1：8水泥石灰膏砂浆打底、扫毛、划出纹道； ③6厚1：3水泥砂浆； ④同砖墙	①撒石子过稀处，应将石子用抹子或手直接补上，过密处可适当剔除。石粒嵌入砂浆的深度应不小于粒径的1/2，拍石子用力适度； ②撒石子顺序应先边角，后中间，先上面，后下面，阴角处应两侧同时甩

表 8-19　　　　　　　　　喷粘石墙面分层做法及施工要点

基层	分层做法	施工要点
砖墙	①12厚1：2.5水泥砂浆打底、扫毛或划出纹道； ②刷（喷）一道108胶水溶液（108胶：水＝1：4）； ③5厚水泥砂浆黏结层（质量比：水泥：中砂：细砂：108胶＝1：1.35：0.65：0.1）； ④机喷中、小八厘，用拍子拍平或滚平； ⑤喷甲基硅醇钠憎水剂	①喷石时喷嘴对准墙面，保持距墙面约30cm。空压机根据石粒大小以0.5～0.7MPa为宜。先喷边角，后喷大面，喷大面时应自下而上，以免砂浆坠流； ②待砂浆收水时，用木拍子拍平或用橡胶辊筒从上往下轻轻地滚压一遍； ③待墙面平整、石粒均匀饱满时即可取分格条，随即用小抹子和素水泥浆勾缝，达到顺直、清晰。如有缺棱，应及时用1：1水泥细砂浆抹上，手按石粒补齐； ④勾缝后24h应洒水养护（7d）； ⑤其他做法同手甩干粘石
混凝土墙	①刷（喷）一道108胶水溶液（108胶：水＝1：4）； ②、③、④、⑤、⑥同砖墙①、②、③、④、⑤	
加气混凝土墙	①涂刷TG胶浆一道（TG胶：水：水泥＝1：4：1.5）； ②6厚TG砂浆打底（水泥：砂：TG胶：水＝1：6：0.2：适量）； ③、④、⑤同砖墙③、④、⑤	

5.质量通病、原因及其防治措施

干粘石墙面、喷粘石墙面常见质量通病有裂缝、空鼓,干粘石面层滑坠,干粘石面接槎明显,干粘石面棱角黑边,棱角不通顺、表面不平整,干粘石面有抹痕,干粘石面浑浊不洁、色调不一。

(1)干粘石裂缝、空鼓。

1)原因分析。

①砖墙基层挂尖太多,粘在墙面上的灰浆、沥青泥浆等杂物未清理干净;

②混凝土基层表面太光滑,残留的隔离剂未清理干净,混凝土基层表面有裂缝、空鼓、硬皮未予处理;

③加气混凝土基层表面粉尘、细灰清理不干净,抹灰砂浆强度过高,易将加气混凝土表面抓起而造成裂缝、空鼓;

④施工前基层不浇水或浇水不适当;浇水过多易流,浇水不足易干,浇水不均产生干缩不匀或因脱水快而干缩,都会造成黏结不牢而产生裂缝、空鼓;

⑤中层砂浆强度高于底层砂浆强度,在中层砂浆凝结硬化时产生较大的干缩应力,使底层砂浆裂缝或空鼓;

⑥冬季施工时抹灰层受凉。

2)防治措施。

①做好基层处理。

a.表面较光滑的混凝土基层,应用1∶1∶0.8聚合物水泥稀浆匀刷一遍,并扫毛晾干;

b.带有隔离剂的混凝土基层,施工前宜用10%浓度的氢氧化钠溶液将隔离剂清洗干净;

c.混凝土表面的空鼓、硬皮应敲掉刷毛;

d.基层表面的粉尘、泥浆等杂物,必须清理干净;

e.如基层凹凸超出允许偏差,凸处剔平,凹处分层修补平整。

②黏结层抹灰。

a.抹灰前,用1∶4的108胶水均匀涂刷中层灰、面层灰一遍,随刷随抹;

b. 加气混凝土墙面还必须采取分层抹灰的办法使其黏结牢固;

c. 底层砂浆强度应等于或大于中层砂浆的,并注意保湿养护;

d. 冬季施工时,应采取防冻保温措施。

(2)干粘石面层滑坠。

1)原因分析。

①底层凹凸不平,相差大于 5mm,产生滑坠;

②局部拍打过度,产生翻浆或灰层收缩,产生裂缝,形成滑坠;

③施工时底灰浇水过多未经晾干,吸水太慢或有浮水,或底灰淋雨含水饱和时抹面层灰容易产生滑坠。

2)防治措施。

①底灰一定要抹平直,凹凸误差应小于 5mm;

②根据不同施工季节、温度,不同材质的墙面,分别严格掌握好对基层的浇水量,使其湿度均匀、适当。墙面淋水既要淋足,又不能过湿。

③灰层终凝前应加强检查,发现收缩裂缝可用刷子蘸点水再用抹子轻轻按平、压实、粘牢,防止灰层出现收缩裂缝;

④粘石表面拍打要均匀,以面层不返浆为度。

(3)干粘石面接槎明显。

1)原因分析。

①面层抹灰完成后未及时粘石,使石碴黏结不良;

②接槎处灰太干,或新灰粘在接槎处石子上,或将接槎处石子碰掉,都会造成明显的接槎;

③大面积粘石或分块较大的粘石,施工时因分格较大或因脚手架高度不合适,不能一次连续粘完一格,分次操作就会产生明显的接槎。

2)防治措施。

①施工前熟悉图纸,检查分格是否合理,操作有无困难,是否会带来接槎质量问题;

②必须较大块分格时,事先要计划好,必须一次抹完一块,中间不留槎;而且抹面层后要紧跟着粘石,如面层灰被晒干,可淋少量水及时粘石碴,用抹子用力拍平;

③要充分考虑脚手架的适当搭设高度,使得能一次抹完一块,避免

不必要的接槎。

（4）干粘石面棱角黑边。

1）原因分析。

阳角粘石施工时,先在大面上卡好尺抹小面,石碴粘好后压实溜平,翻过尺卡在小面上再抹大面。这种小面阳角处灰浆已干,粘不上石碴,造成大面与小面交接处形成一条明显可见的无石碴黑灰线。

2）防治措施。

①粘石起尺时动作要轻、慢,先将靠尺后边离墙提起,使靠尺八字处轻轻向里滑过,保持阳角边棱整齐平直;

②抹大面边角处黏结层要细心操作,既不要碰坏已粘好的小八字角,也不要带灰过多沾污小面八字处的边角;

③拍好小面石碴后立即起卡,并在灰缝处再撒些小石碴用钢抹子拍平拍直,若灰缝处稍干,可淋少许水,随后粘小粒石碴,即可消除黑边。

（5）干粘石面棱角不通顺、表面不平整。

1）原因分析。

①装饰施工前对外墙墙面、大角或通直线条缺乏整体考虑,没有从上到下统一吊垂线、找平线做灰饼、找直找方,而是施工时一层或一步架找直找方,造成棱角不直不顺;

②木质分格条浸水不透,把两层灰层水分吸掉,粘不上石碴,造成无石碴毛边;或起分格条时将两侧石子碰掉,造成缺棱掉角。

2）防治措施。

①施工前,要对建筑物立面全面考虑,外墙大角或通天柱、角柱等应事先统一吊垂线,檐口、阳台等要统一找平线,然后贴灰饼、打底,抹面层时均以此作基线;

②阴角粘石施工与阳角一样,也应事先吊线找规矩,施工时要用大杠找平、找直、找顺,阴角两个面应分先后施工,严防后抹面层灰时沾污另一面墙;同时注意不要把阴角碰坏或划成沟,以保证阴角平直清晰;

③大面积的粘石要统一分格,统一找出平直线,选用平直方正的分格条,使用前用水浸透,操作时先抹格子中间部位面层灰,最后再抹分格条四周,抹好后立即进行粘石,确保分格条两侧灰层未干时及时粘好

石碴,使石碴饱满、均匀,黏结牢固,分格缝清晰、美观;

④每层、每步脚手架的高度要适宜。

(6)干粘石面有抹痕。

1)原因分析。

①技术不熟练者粘石时,往往不敢拍打粘石,而用抹子溜抹石碴表面留下鱼鳞状抹痕,凹凸不平,影响美观;

②粘石灰浆太稀,粘上石碴后用抹子溜抹,边溜边按,形成抹痕。

2)防治措施。

①根据不同墙面,掌握好浇水量和面层灰浆稠度,使其干稀合适;

②按面层灰干湿程度掌握好粘石时间,随粘随拍平;

③技术不熟练者,可用辊子轻轻压碾至平整。

(7)干粘石面浑浊不洁、色调不一。

1)原因分析。

①石碴内含有石粉、黏土、草根等杂质,如不经过加工处理就进行施工,会造成干粘石饰面浑浊不清;

②石碴颜色比例不准、掺合不均,造成颜色不一。

2)防治措施。

①施工前,石碴必须过筛,将石粉筛去,同时将不合格的大块捡出去,然后用水冲洗,将浮土及杂草等清除干净;

②彩色石碴拌和时要严格按比例掺合拌匀,以保粘石颜色一致;

③干粘石施工完后 24h 可淋水冲洗(冬季除外),将石碴表面粉尘冲洗干净,既对灰层起到了养护作用,又保证了粘石质量,使饰面干净明亮。

三、拉毛灰施工工艺

1. 作业条件

(1)屋面防水已完,并通过验收。外墙上脚手眼堵好,缺陷修补好。

(2)门、窗框已经安装就位,门、窗框与墙体间的缝隙用砂浆填塞密实。

(3)各种管线安装完毕,明露立管及暖气片背后已先抹灰。

(4)施工环境温度应在 5℃以上。

2.材料准备

(1)水泥宜采用不低于 P·O 42.5 的水泥或白水泥。

(2)砂含泥量小于 3%,经 3mm 孔径筛子过筛。

(3)石灰膏必须熟化一个月,细腻洁白,不得含有未熟化颗粒。

例如,配以细纸筋灰或细纸筋石灰膏的配制方法:100kg 石灰膏中掺 3.8kg 细纸筋拌匀。

3.专用工具准备

做拉毛灰的专用工具有硬棕毛刷子,白麻缠成的圆形刷子。

4.施工工序

基层处理、找规矩→抹底灰→弹线粘分格条→抹面层灰→拉毛。

5.分层做法及施工要点

常见的拉毛灰分层做法及施工要点见表 8-20。

6.质量通病、原因及其防治措施

拉毛灰质量通病、原因分析及其防治措施,见表 8-21。

表 8-20　　　　　　拉毛灰分层做法及施工要点

名称	分层做法	厚度/mm	施工要点
外墙面拉毛装饰	①1:3 水泥砂浆打底; ②水泥石灰浆罩面、拉毛,罩面拉毛灰配比: 拉粗毛:水泥:石灰膏=1:0.05,同时加入 0.00157 份纸筋; 中等毛头:1:(0.1~0.2),加少量纸筋; 拉细毛:1:(0.25~0.3)同时加入适量砂子	20	①罩面前基层应洒水湿润; ②拉粗毛时用棕刷蘸着砂浆拉成花纹; ③拉粗毛则是罩面灰抹上后,随即用铁抹子拉回(罩面灰厚 4~5mm); ④拉毛要匀,连续不露底

名称	分层做法	厚度/mm	施工要点
有音响要求的礼堂墙面	①1：0.5：4 水泥石灰砂浆打底，2 遍抹成； ②纸筋灰罩面，随即拉毛	13	①罩面前，先将底子灰润湿，一人抹拉毛灰，一人紧跟在后面用棕刷往墙面上垂直拍拉，要拉得均匀一致； ②拉毛长度取决于纸筋灰厚，一般应控制在 4～20mm，厚薄一致均匀
	①用 1：0.5：4 水泥石灰砂浆打底，分 2 遍抹成； ②刮素水泥浆一道； ③1：0.5：1 水泥石灰砂浆拉毛	13	①待底子灰 6～7 成干时浇水湿润； ②用麻刷子，将罩面砂浆一点一点带出毛疙瘩来，要均匀一致
	①用 1：1：6 水泥石灰砂浆打底； ②用 1：0.5：1 水泥石灰砂浆做拉毛(用硬毛棕刷拉细毛)； ③用特制刷子蘸 1：1 水泥石灰浆刷出条筋(比拉毛面凸出 2mm，稍干后用铁抹子压一下)； ④色浆罩面	16	①条筋拉毛类似树皮拉毛； ②刷条筋前应弹垂直控制线，间距 40mm； ③条筋宽 20mm，间距 30mm，间距里的拉毛应清洁； ④特制刷子可用板刷根据需要剪成三条，一次刷出 3 道条筋

表 8-21　　　　　　　　　拉毛灰质量通病及其防治措施

质量通病	原因分析	防治措施
花纹不匀	①砂浆稠度变化大，罩面灰厚薄不匀，拉毛时用力不一致等； ②基层吸水率不同，局部失水快，会出现拉毛后浆少砂多的现象，颜色也比其他地方深； ③未按分格缝成活造成接槎	①控制好罩面灰的稠度，以粘、撒罩面灰不流淌为宜，基层应平整，灰浆厚薄应一致，拉毛用力均匀，快慢一致； ②基层应洒水湿润，均匀润透； ③操作时，面积大应分格分段成活； ④发现不匀应即刻返修

续表

质量通病	原 因 分 析	防 治 措 施
颜色不匀	①操作时,拉毛移动速度快慢不一致; ②大面积施工未分段或分格,中断留槎,露底使色泽不一致; ③基层干湿程度不同,局部失水过快的罩面灰色浅	①用力均匀、快慢一致地拉毛; ②应按段或分格缝作业,中途不得因停顿造成接槎; ③基层干湿程度应保持一致

四、拉条抹灰施工工艺

1.作业条件

拉条抹灰施工作业条件同拉毛灰。

2.材料准备

拉条抹灰的材料同拉毛灰。

3.机具准备

拉条抹灰除需用到一般抹灰使用的机具外还有自己的专用工具。

(1)拉条模具用杉木板制作成刻有凹凸形状的模具,又称线模。一般尺寸为 600mm×60mm～700mm×20mm,外包铝皮,见图 8-4。

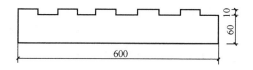

图 8-4　线模示意

(2)木轨道用杉木条制成,尺寸为 8mm×20mm。

4.施工工序

基层处理→抹底层、中层灰→弹木轨道位置线→贴木轨道→抹面层砂浆→拉条→刷涂料。

5.分层做法及施工要点

拉条抹灰的分层做法及施工要点,见表8-22。

表8-22   拉条抹灰分层做法及施工要点   (单位:mm)

名称	分层做法	厚度	施工要点
细条形抹灰	①12厚1:3水泥砂浆抹底灰; ②8~10厚1:2:0.5水泥细纸筋灰混合砂浆抹拉条底层灰(中层抹灰); ③1:2:0.5水泥细纸筋灰混合砂浆抹罩面灰	22	①抹底层、中层灰操作方法同一般抹灰,木抹子搓平、压实; ②根据拉条模具的长度,弹出木轨道安装位置线,用黏稠的水泥浆依墨线粘贴木轨道,同时用靠尺靠直,木轨道接头处平顺,轨道间距一致,粘贴牢固
	①、②、③同上; ④涂料罩面	22	
粗条形抹灰	①12厚1:3水泥砂浆打底; ②8~10厚1:2.5:0.5细纸筋混合砂浆打底; ③1:0.5水泥纸筋灰罩面; ④上面漆(或涂料)	22	①罩面抹灰前,洒水湿润墙面,然后刷一道水泥浆(水泥:水=1:0.4),紧跟着多次加浆抹平,用线模靠在木轨道上,上下多次拉动成形; ②拉条无论多长应一次成形,若有断裂的细缝,待第二天再甩浆料,用拉条模具修好; ③做完面层,取下木轨道抹上罩面浆,用小抹子抹平、压实、通顺
金属网墙面拉条	①12厚1:2.5细纸筋石灰膏砂浆打底; ②1:2.5细纸筋滤浆灰罩面; ③上面漆	15	

6.质量通病、原因及其防治措施

拉条抹灰常见质量通病及其防治措施见表8-23。

表 8-23		拉条抹灰质量通病及其防治措施
质量通病	原 因 分 析	防 治 措 施
拉条抹灰层起壳、裂缝	①基层未处理好,清扫也不干净,浇水不匀不透,使底子灰与基层黏结不牢; ②一次拉条抹灰层上得太厚,或是每层抹灰跟得太紧; ③夏季施工失水快,未及时养护; ④配合比不当,多发生含砂过少	①基层处理,应同一般抹灰中外墙抹灰一样,按工艺标准认真处理并在抹灰前一天浇水浇匀、浸透; ②操作时,线模两端紧靠木轨道,上下搓压的同时不断加进灰浆,压实搓干,总厚不超过 10mm; ③洒水润湿、及时养护; ④"细条"配比: 　水泥∶砂∶细纸筋石灰膏＝1∶2∶0.5 　"粗条"配比: 　底层灰是水泥∶砂∶细纸筋石灰膏＝1∶2.5∶0.5 　面层灰是水泥∶细纸筋石灰膏＝1∶0.5
拉条灰线不直不顺不清晰	①抹底子灰时,未从上到下吊垂线,未统一弹线找规矩(找平、找直、找圆); ②上、下步架用不同的线模拉抹,接头处理不顺出现接槎	①抹底子灰应同一般抹灰一样先统一吊垂线,弹墨线,在找好规矩的前提下,粘贴好木轨道,作为拉条面层抹灰的基准; ②立面较高的墙面,应分组连续抹成,同一线模分上、中、下几个人连续拉抹,中途不换、不停

第九章　壁纸裱糊施工操作

第一节　裱 糊 壁 纸

一、裱糊工序

不同基层裱糊不同材质壁纸的主要工序见表 9-1。

表 9-1　　　　　　　　　　　裱糊各类壁纸的主要工序

序号	工 序 名 称	抹灰、混凝土面			石 膏 板 面			木 质 基 层		
		普通壁纸	塑料壁纸	玻纤墙布	普通壁纸	塑料壁纸	玻纤墙布	普通壁纸	塑料壁纸	玻纤墙布
1	基层处理	+	+	+	+	+	+	+	+	+
2	接缝处糊条				+	+	+	+	+	+
3	嵌补腻子→打磨				+	+	+	+	+	+
4	满刮腻子→打磨	+	+	+						
5	刷底油	+	+	+						
6	壁纸润湿	+	+		+	+		+	+	
7	基层涂刷胶黏剂	+	+		+	+		+	+	
8	壁纸涂刷胶黏剂	+	+		+	+		+	+	
9	裱糊	+	+	+	+	+	+	+	+	+
10	擦净挤出胶水	+	+	+	+	+	+	+	+	+
11	清理修整	+	+	+	+	+	+	+	+	+

注：①表中"＋"号表示应进行的工序。

②不同材料的基层相接处应糊条，石膏板缝要用专用石膏腻子和接缝纸带处理。

③处理混凝土和抹灰表面，必需时可增加满刮腻子遍数。

二、裱糊工艺

（1）基层处理。凡具有一定强度，表面平整、洁净、不疏松掉粉的基层都可做裱糊。基层的处理方法见表 9-2。

表 9-2　　　　　　　　　　　　基层处理方法

序号	基层类型	处理方法						
		确定含水率	刷洗或漂洗	干刮	干磨	钉头补防锈油	填充接缝、钉孔、裂缝	刷胶
1	混凝土	+	+	+	+		+	+
2	泡沫聚苯乙烯	+					+	
3	石膏面层	+		+	+		+	+
4	石灰面层	+		+	+		+	+
5	石膏板	+				+	+	+
6	加气混凝土板	+				+	+	+
7	硬质纤维板	+				+	+	+
8	木质板	+			+	+	+	+

注：①刷胶（底油）是为了避免基层吸水过快，将涂于基面的胶液迅速吸干，使壁纸来不及裱糊在基层面上。
　　②"+"表示应进行的工序。

（2）底油要根据粘贴部位和使用环境选择。湿度比较大宜选用清漆和光油；干燥环境下可用稀释的 108 胶水，按顺序刷涂均匀，刷油不宜过厚。

（3）在掌握饰面尺寸的基础上，决定接缝部位、尺寸、条数，然后进行裁割。裁割要考虑接缝方法，留有搭接宽度。搭接的宽度以不显眼为准。

（4）弹线一般在墙转角处、门窗洞口处弹线，以保证饰面水平线或垂直线的准确，以保证壁纸粘贴位置的准确。

（5）把裁割好的壁纸进行闷水。闷水方法是将壁纸放在水槽中浸泡几分钟或在壁纸背面刷清水一遍，静置几分钟，使壁纸充分胀开。

（6）裱糊工艺要点见图 9-1～图 9-8。

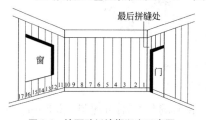

图 9-1　墙面壁纸裱糊顺序示意图

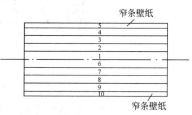

图 9-2　顶棚壁纸裱糊顺序示意图

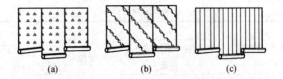

图 9-3 对花的类型示意图

(a)横向排列;(b)斜向排列;(c)不用对花的图案

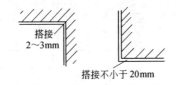

图 9-4 阴阳角裱糊搭接示意图

图 9-5 壁纸对口拼缝示意图

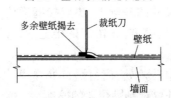

图 9-6 壁纸搭口拼缝示意图

图 9-7 顶棚裱糊示意图

(7)墙角裱贴及裱贴时墙上物件的处理。

1)墙角裱贴。裱贴壁纸时,绕过墙角的材料不可超过 12.5mm,否则便会形成一个不雅观的揩痕。快要接近墙角时,剪下一幅比墙角到

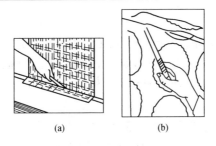

图 9-8　修整示意图

(a)修齐下端余量；(b)修齐顶端余量

最后一段墙纸间略宽的材料,依照常法将之裱满。然后,再从墙角量出宽度,定出一条新锤线,在第二面墙上依法贴下一段壁纸。

2)裱贴时墙上物体的处理。尽可能卸下墙上的物件。在卸下墙上的电灯开关时,首先要切断电源。用火柴棒插入螺丝孔,事后重新安装时会方便许多。不能拆下来的配件,只好在墙纸上剪个口再裱上去。将墙纸轻轻糊于电灯开关上面,找到中心点。从中心点往外剪,使壁纸可以平裱于墙面为止,然后用笔轻轻标出开关轮廓的位置,慢慢拉起多余的壁纸,剪去不需要的部分。圆形障碍物裱贴时壁纸应进行星形裁切。

第二节　其他材料裱糊

一、裱糊玻璃纤维墙布

裱糊玻璃纤维墙布工艺与裱糊壁纸工艺大致相同。但裱糊玻璃纤维墙布也要注意以下不同点。

(1)裱糊前不需闷水;胶黏剂宜采用聚醋酸乙烯酯乳胶,以保证黏结强度;对花拼接切忌横拉斜扯。

(2)玻璃纤维墙布遮盖力较差,为保证裱糊面层色泽均匀一致,宜在胶黏剂中掺入适量的白色涂料。

二、裱糊绸缎

绸缎的材质不同于壁纸和玻璃纤维墙布,因其有缩胀率、质软、易受虫咬等,故裱糊绸缎除需要遵循一般的常规工序和工艺要求外,必须做一些处理。

选用的绸缎开幅尺寸要留有缩水余量(一般的缩水率幅宽方向为0.5%～1%,幅长方向为1%),如需对花纹图案,须放长一个图案的距离,并要注意单一墙面两边图案的对称性,门窗角处要计算准确或同时开幅或随贴随开。

将开幅裁好的绸缎浸泡在清水中5～10min,取出晾至七八成干,平铺在绒面工作台上,在其背面上浆,把浆液由中间向两边用力压刮,使其薄而均匀。

待刮浆的绸缎半干后,平铺在工作台上,熨烫平整(熨斗底面与绸缎背面之间要垫一块湿布),方能裱糊,否则影响装饰效果。或将色细布缩水晾至半干,刮浆后,将其对齐粘贴在绸缎背面,垫上牛皮纸,用滚筒压实(或垫上湿布)后烫平。

上述两种方法可以根据施工条件,任选一种。

绸缎烫平后,裁去边条。上浆的配合比为面粉:防虫涂料:水=5:40:20(质量比)。裱糊后可在面层上涂刷一遍透明防虫涂料。

三、裱糊金属膜壁纸

裱糊金属膜壁纸的基层表面一定要平整、光洁。

裱糊前将金属膜壁纸浸水1～2min,阴干后,采用专用金属膜壁纸粉胶,在背面刷胶。边刷边将刷过胶的金属膜壁纸卷在圆筒上。

裱糊前再次揩擦干净基层面,对接缝有对花要求的,裱糊从上向下,宜两人配合默契,一人对花拼缝,一人手托壁纸放展。金属膜壁纸接缝处理可对缝、可搭接。

第十章 玻璃裁切与安装施工操作

第一节 玻璃喷砂和磨砂

一、玻璃喷砂

喷砂是利用高压空气通过喷嘴的细孔时所形成的高速气流,携带金刚砂或石英砂细粒等喷吹到玻璃表面上,使玻璃表面不断受砂粒冲击,形成毛面。

喷砂面的组织结构取决于气流的速度以及所携带砂粒的大小与形状,细砂粒可冲击摩擦玻璃表面形成微细组织,粗砂粒则能加快喷砂面的侵蚀速度。喷砂主要应用于玻璃表面磨砂以及玻璃仪器商标的打印。

二、玻璃磨砂

玻璃磨砂是用金刚砂对平板玻璃进行手工磨砂或机器喷砂,使玻璃单面呈均匀的粗糙状。这种玻璃透光而不透视,并且光线不扩散,能起到保护视力的作用。常用于建筑物的门、窗、隔断、浴室、玻璃黑板、灯具等。

1. 准备工作

根据磨砂玻璃的需求量、厚度及尺寸,集中裁划所需磨砂的玻璃。

手工磨砂材料及工具主要有 280~300 目金刚砂、废旧砂轮、马达、皮带、铁盘等。

2. 机械磨砂

有机械喷砂和自动漏砂打磨两种方法。所谓自动漏砂打磨是指在机械上面装一只上大下小的铁皮砂斗,斗的底部钻数百个孔,底板上有一块可以抽动的铁皮挡板,机械中间装有长轴电砂翼轮,下面装有一个封闭式能活动的盛砂槽。打磨时,将金刚砂装满漏砂斗,把平板玻璃放置在受砂床上,开动电机使机械运转,抽掉铁皮,随着机械运转落到长轴电砂翼轮上的砂打撒在玻璃表面上,使玻璃表面不断受冲击形成毛面。

3.手工磨砂

当磨砂玻璃的使用量不大时,可采用手工磨砂的方法,加工时应根据玻璃面积及厚度分别采用不同的方法。

(1)3mm 厚的小尺寸平板玻璃磨砂方法:将金刚砂均匀铺在玻璃表面,将另一块玻璃覆盖其上,金刚砂隔在两玻璃中间,双手平稳压实上面的玻璃,用弧形旋转的方法来回研磨即可。

(2)5mm 以上厚度的玻璃磨砂方法:将平板玻璃平置于垫有绒毯等柔软织物的平整工作台上,把生铁皮带盘轻放在玻璃表面,皮带盘中间的孔洞内装满 280～300 目的金刚砂或其他研磨材料,双手握住盘边,进行推拉式旋磨。此外还可用粗瓷碗研磨,在玻璃表面放适量金刚砂,反扣瓷碗,双手按住碗底进行旋磨。

4.操作注意事项

(1)手工磨砂应从四周边角向中间进行。用力要适当、均匀,速度放慢,避免玻璃压裂或缺角。

(2)玻璃统磨后,应检验,如有透明处,做记号后再进行补磨。

(3)磨砂玻璃的堆放应使毛面相叠,且大小分类,不得平放。

5.玻璃磨砂的质量要求

(1)透光不透视。

(2)研磨后的玻璃呈均匀的乳白色。

第二节 玻璃钻孔及开槽的方法

一、玻璃钻孔方法

根据使用功能的需要,有的玻璃在安装前需进行钻孔加工,即将特殊钻头装在台钻等工具上对玻璃进行钻孔加工。常用的钻头有金刚石空心钻、超硬合金玻璃钻、自制钨钢钻三类,具体操作如下。

1.准备工作

钻孔前需在玻璃上按设计要求定出圆心,并用钢笔点上墨水,把钻头安装完毕。

2.自制钨钢钻的钻孔

方法同上,工具需要钳工和电焊工配合制作。取长为 60mm、直径为 4mm 的一段硬钢筋,取 20mm 左右的钨钢,用铜焊焊接,然后将钨钢磨成尖角三角形即可。

3.金刚石空心钻钻孔

手摇玻璃钻孔操作时,将玻璃放到台板面上,旋转摇动手柄,使金刚石空心钻旋转摩擦,直至钻通为止,一般可用于 5～20mm 直径洞眼的加工。

4.超硬合金玻璃钻钻孔

钻头装在手工摇钻上或低速手电钻上,钻头对准圆心,用一只手握住手摇钻的圆柄,轻压旋转即可。这种方法适用于加工 3～10mm 的洞眼。

5.操作注意事项

(1)钻孔工作台应放平垫实,不得移动。

(2)在玻璃上画好圆心的位置,用手按住金刚钻用力转几下,使玻璃上留下一个稍凹的圆心,保证洞眼位置不偏移。

(3)钻眼加工时,应加金刚砂并随时加水或煤油冷却。起钻和快钻出时,进给力应缓慢而均匀。

二、玻璃开槽方法

开槽的方法主要有两种:一是自制玻璃开槽机;二是用砂轮手磨开槽。具体操作如下。

(1)准备工作。用钢笔在玻璃上画出槽的长度和宽度线。

(2)操作方法。

1)电动开槽法:电动开槽机是自制的金刚砂磨槽工具,开槽时,将玻璃搁在电动开槽机工作台的固定木架上,调节好位置,对准开槽处,开动电机即可。

2)金刚砂轮手磨开槽法:取一块与槽口宽度相近的金刚砂轮,对准玻璃开槽的长度,来回转动金刚砂轮进行开槽。这种方法只能在没有机械的情况下采用,它工效慢、费时,且槽口易变形。

3)操作注意事项。

①开槽时,画线要正确。

②机械开槽时为了防止金刚砂和玻璃屑飞溅,操作时应戴防护眼镜。

③规格不同的玻璃开槽时,应分类堆放。

第三节　玻璃的化学蚀刻

玻璃的化学蚀刻是用氢氟酸溶掉玻璃表层的硅氧,根据残留盐类的溶解度不同,可得到光泽的表面或无光泽的表面。

蚀刻后,玻璃表面的性质取决于氢氟酸与玻璃作用所生成的盐类的性质。如生成的盐类溶解度小,且以结晶状态保留在玻璃表面,不易清除,则得到粗糙又无光泽的表面,如反应物不断被清除,则得到非常平滑或有光泽的表面。

玻璃的化学组成是影响蚀刻表面的主要因素之一,含碱少或含碱土金属氧化物很少的玻璃不适于表面蚀刻;蚀刻液及蚀刻膏的组成也是影响蚀刻表面的主要因素,若含有能溶解反应生成物的成分,如硫酸等,即可得到有光泽的表面。因此可以根据表面光泽度的要求来选择蚀刻液、蚀刻膏的配方。

蚀刻液可由盐酸加入氟化铵与水制成;蚀刻膏由氟化铵、盐酸、水并加入淀粉或粉状冰晶石配成。制品上不需要腐蚀的地方可涂上保护漆或石蜡。

一、准备工作

(1)配溶液:用浓度为99%的氢氟酸和蒸馏水以3∶1的比例配好待用。

(2)把玻璃表面清理干净,将石蜡溶化,用排笔直接刷上三四遍。

二、操作方法

(1)石蜡冷却后,将图案复印在蜡面上,用雕刻刀在刷过石蜡的玻璃表面上刻出字和花纹,雕刻完毕后,将雕刻处用洗洁精洗干净,并用蜡液把雕刻的缺损处补完整。

（2）用新毛笔蘸氢氟酸溶液轻轻刷在字和花纹上面,隔15～20min,表面起白粉,把白粉掸掉,再刷一遍,再掸掉,直至达到要求为止。氢氟酸溶液刷的遍数越多,字和花纹就越深,夏天一般需 4h 完成,春秋季约需 6h 完成,冬天则要 8h 才能完成。

（3）字和花纹蚀刻完后,把石蜡全部清除干净,再用洗洁精清洗干净。

三、操作注意事项

（1）配好的溶液和原液要贴上标签。

（2）涂蜡必须厚薄均匀。操作过程中,应注意防止氢氟酸溶液外溢,要戴防毒手套。雕刻字和花纹时,保证笔画正确。

第四节　玻 璃 安 装

一、木门窗玻璃安装

（1）先将裁口内的污物清除,沿裁口均匀嵌填 1.5～3mm 厚的底油灰,把玻璃压至裁口内,推压至油灰均匀、略有溢出。

（2）用钉子或木压条固定玻璃。钉距不得大于300mm,每边不得少于两颗。

用油灰固定:再刮油灰(沿裁口填实)→切平→抹成斜坡,见图 10-1。

用木条固定:无需再刮油灰,直接用木压条沿裁口压紧玻璃,见图10-2。

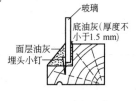

图 10-1　油灰固定

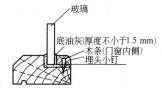

图 10-2　木条固定

二、铝合金门窗玻璃安装

（1）剥离门窗框保护膜纸,安装单块尺寸较小玻璃时可用双手夹住就位;单块尺寸较大时,用吸盘就位。

(2)安装中框玻璃或面积大于 0.65m² 的玻璃,应先在玻璃竖向两边各搁置一垫块,放搁尺寸位置见图 10-3。

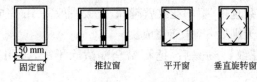

固定窗　　　推拉窗　　　平开窗　　　垂直旋转窗

图 10-3　放置垫块

(垫块放置于玻璃宽度的 1/4 处,且距边不少于 150mm)

(3)玻璃就位后,前后垫实,缝隙一致,镶上压条。玻璃安装后,其边缘与框、扇金属面应留有规定的间隙。

铝合金门窗玻璃最小安装尺寸见表 10-1。

表 10-1　　　　　　铝合金门窗玻璃最小安装尺寸　　　　　(单位:mm)

部 位 示 意	玻璃厚度	前后余隙/a	嵌入深度/b	边缘余隙/c		
单层平板玻璃	3	2.5	8	3		
	5～6	2.5	8	4		
	8～10	3.0	10	5		
	12	3.0	10	5		
	15	5.0	12	8		
中空玻璃	中空玻璃			上边	上边	两侧
	3+A+3	5.0	12	7	6	5
	4+A+4	5.0	13	7	6	5
	5+A+5	5.0	14	7	6	5
	6+A+6	5.0	15	7	6	5

(4)玻璃安装就位后,及时用胶条固定。型材密缝条镶嵌一般有三种做法。

1)嵌紧橡胶条,在橡胶条上面注入硅酮系列密封胶。

2)用 10mm 左右长的橡胶块,挤住玻璃,再注入密封胶,注入深度不宜小于 5mm。为保证玻璃安装的牢固和窗扇的密封,在 24h 内不得受振动。

3)用橡胶压条封缝,表面不再注密封胶。

铝合金门窗玻璃一般密封嵌固形式见图10-4～图10-6。

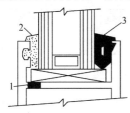 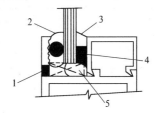

图10-4　干性材料密封嵌图
1—排水孔;
2—夹紧的氯丁橡胶垫片;
3—严实的楔形垫

图10-5　湿性材料密封嵌图
1—排水孔;2—预制条;3—盖压条;
4—连续式楔条;5—底条(空气密封)
注:每块玻璃必须有入口直径至少为6.35mm
的排水孔,不能受垫块的影响,位置可变动。

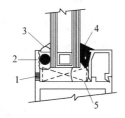

图10-6　湿—干性材料密封嵌图
1—排水孔;2—预制条;3—盖压条(可选);
4—密封的楔形垫;5—底条相容性空气密封

三、幕墙玻璃安装

玻璃幕墙根据结构框不同,可分为明框、隐框、半隐框。由于其在装饰工程中所处的特殊位置和特性,对玻璃安装及嵌固黏结材料的质量要求极为严格。

对材料的选择除必须符合《玻璃幕墙工程质量检验标准》(JGJ/T 139—2001)外,还应符合《半钢化玻璃》(GB/T 17841—2008)、《建筑安全玻璃　第2部分:钢化玻璃》(GB 15763.2—2005)《建筑用硅酮结构密封胶》(GB 16776—2005)。

幕墙玻璃安装与铝合金门窗玻璃安装既有相同点,也有不同点。

(1)幕墙玻璃最小安装尺寸见表 10-2。

表 10-2　　　　　　　　　　　　幕墙玻璃最小安装尺寸　　　　　　　　　　　(单位:mm)

部 位 示 意	玻璃厚度	前后余隙/a	嵌入深度/b	边缘余隙/c		
单层玻璃 单层平板玻璃	5~6	3.5	15	5		
	8~10	4.5	16	5		
	12 以上	5.5	18	5		
	中空玻璃			上边	上边	侧边
中空玻璃	4+A+4	5.0	12	7	5	5
	5+A+5	5.0	16	7	5	5
	6+A+6	5.0	16	7	5	5
	8+A+8 以上	5.0	16	7	5	5

(2)安装隐框和半隐框幕墙时,临时固定玻璃要有一定强度,以避免结构胶尚未固化前,玻璃受振动黏结不牢,影响质量。

(3)玻璃幕墙嵌固玻璃的方法见图 10-7、图 10-8。

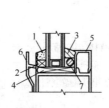　　　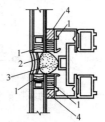

图 10-7　明框玻璃幕墙玻璃嵌固形式　　图 10-8　隐框玻璃幕墙玻璃嵌固形式
1—耐候硅酮密封胶;2—双面胶带;　　　　　1—结构硅酮密封胶;
3—橡胶嵌条;4—橡胶支撑块;　　　　　　　2—耐候硅酮密封胶;
5—扣条或压条;6—外侧盖板;7—定位块　　3—泡沫棒;4—橡胶垫条

四、镜面玻璃安装

建筑物室内用玻璃或镜面玻璃饰面,可使墙面显得亮丽、大方,还能起到反射景物、扩大空间、丰富环境氛围的装饰效果。

1.镜面安装方法

镜面的安装方法有贴、钉、托压等。

贴是以胶结材料将镜面贴在基层面上,适用于不平或不易整平的基层。宜采用点粘,使镜面背部与基层面之间存在间隙,利于空气流通和冷凝水的排出。采用双面胶带粘贴,对基层面有平整光洁的要求,胶带的厚度不能小于6mm;留有间隙的原因如前所述。为了防止脱落,镜面底部应加支撑。

钉是以铁钉、螺钉为固定构件,将镜面固定在基层面上。在安装之前,在裁割好的镜面的边角处钻孔(孔径大于螺钉直径)。

螺钉固定见图10-9。螺钉不要拧得太紧,待全部镜面固定后,用长靠尺检验平整度,对不平部位,用拧紧或拧松螺钉做最后调平。最后,对镜面之间的缝隙用玻璃胶嵌填均匀、饱满,嵌胶时注意不要污染镜面。

嵌钉固定不需对镜面钻孔,按分块弹线位置先把嵌钉钉在木筋(木砖)上,安装镜面用嵌钉把其四个角依次压紧固定。安装从下向上进行,安装第一排,嵌钉应临时固定,装好第二排后再拧紧嵌钉,见图10-10。

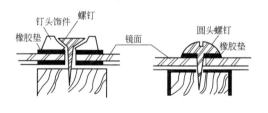
图 10-9　螺钉固定镜面

图 10-10　嵌钉固定镜面

托压固定主要靠压条和边框将镜面托压在基层面上。压条固定顺序:从下向上进行。先用压条压住两镜面接缝处,安装上一层镜面后再固定横向压条。

木质压条一般要钉牢固。钉子从镜面缝隙中钉入,在弹线分格时要留出镜面间隙距离。托压固定安装镜面,见图10-11。

2.操作注意事项

安装时,镜背面不能直接与未刷涂的木质面、混凝土面、抹灰面接

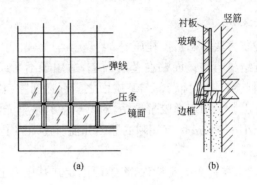

图 10-11　托压固定

(a)镜面固定示意;(b)镜面固定节点示意

触,以免对镜面产生腐蚀。

黏结材料的选用,应注意贴面与被贴面要具有相容性。

五、栏板玻璃安装

为了增添通透的空间感和取得明净的装饰效果,玻璃栏板的使用已很普遍。

玻璃栏板按安装的形式分为镶嵌式、悬挂式、全玻璃式,见图 10-12~图 10-14。

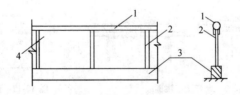

图 10-12　镶嵌式

1—金属扶手;2—金属立柱;

3—结构底座;4—玻璃

安装注意事项如下。

(1)必须使用安全玻璃,厚度应符合设计要求。

(2)钢化玻璃、夹层玻璃均应在钢化和夹层成型前裁割,要进行磨边、磨角处理。

(3)立柱安装要保证垂直度和平行度。玻璃与金属夹板之间应放

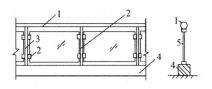

图 10-13　悬挂式

1—金属扶手；2—金属立柱；

3—金属夹板；4—结构底座；5—玻璃

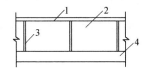

图 10-14　全玻璃式

1—金属扶手；2—玻璃；3—结构硅酮胶；

4—结构底座；5—金属嵌固件

置薄垫层。

(4)镶嵌式与全玻璃式栏板底座和玻璃接缝之间应做玻璃胶嵌缝处理。

第五节　玻璃的搬运及存放

一、玻璃的搬运要求

(1)装运成箱玻璃要将箱盖朝上，直立紧靠，不能相互碰撞，如有间隙应以软物垫实或者用木条连接钉牢。

(2)长途运输要做好防雨措施，以防玻璃黏结；短途搬运要用抬杆抬运，不可多人抬角搬运。

(3)装卸或堆放玻璃应轻抬轻放，不能随手溜滑，防止振动和倒塌。

(4)玻璃运输和搬运，应保持道路通畅，没有脚手架或其他障碍物。搬运过程中不要突然停步或向后转动，以防碰及后面的人。

二、玻璃存放及保管

玻璃如不能正确存放则容易破裂，受潮、雨淋后会发生粘连现象，会造成玻璃的大量损伤,为此,玻璃的存放及保管必须遵守以下规定。

(1)放置玻璃时应按规格和等级分别堆放,避免混淆,大号玻璃必须填上两根木方。

(2)玻璃不能平躺储存,应靠紧立放,立放玻璃应与地面水平成70°夹角。玻璃不能歪斜储存,也不得受其自身的重压。各堆之间应留出通道以利搬运,堆垛木箱的四角应用木条固定牢。

(3)储存环境应保持干燥,木箱的底部应垫高10cm,防止受潮。

(4)玻璃不可露天存放。如必须露天存放,时间不宜过长,且下面要垫高,离地应保持在20~30cm,上面用苫布盖好,以防雨淋。

附录 涂裱工职业技能考核模拟试题

一、填空题(10题,20%)

1. 可赛银浆是以 __酪素__ 为胶黏剂的。

2. 抹灰面层从湿到干,颜色也 __由深至浅__ 。

3. 施涂涂料工程产生刷纹的原因是 __涂料干燥过快__ 。

4. 木门窗玻璃安装是用 __钉子__ 固定的。

5. 酪素胶适用于 __室内墙面__ 施涂。

6. 涂料刷使用久了,刷毛会变短,可用利刀把两面的刷毛削去一些,使刷毛变薄 __弹性增强__ 便于使用。

7. 水粉漆适合于 __室内__ 施涂。

8. 清漆施涂中出现木纹不清是由于 __满批腻子时收刮不净__ 。

9. 自配玻璃油灰使用后剩余较多可放入 __水__ 中。

10. 甘油醇树脂漆属于 __醇酸树脂漆类__ 。

二、判断题(10题,10%)

1. 涂料的基本名称反映了它的基本性质和用途。　　　　(✓)

2. 天然织物壁纸透气性好,格调高雅,但吸声性差,价格昂贵。
　　　　(×)

3. 涂料全名＝颜色或颜色名称＋主要成膜物质名称＋基本名称。
　　　　(✓)

4. 第一遍石灰浆刷完后,可马上用纸筋灰腻子进行复补。　(×)

5. 玻璃工程应在门窗涂刷最后一遍涂料后进行施工。　　(×)

6. 清油主要用来调制厚漆和红丹防锈漆。　　　　　　(✓)

7. 喷浆用的石灰浆,先用80目铜丝箩过滤头遍,再用40目的铜丝箩过滤第二遍,才能使用。　　　　(×)

8. 塑料壁纸优等品颜色不允许有明显差异。　　　　　(×)

9. 不能长期将排笔浸在水中,否则会破坏毛刷。　　　　(✓)

10. 甲醛、苯系物、氨气、氡气及有机挥发物,这五种有毒气体被称为空气五大隐形杀手。　　　　(✓)

三、选择题(20题,40%)

1. 各类建筑物涂料储存时应__A__。

A. 分别堆放　　　　　　　　B. 集中堆放

C. 可以露天堆放　　　　　　D. 堆放后不用定期检查

2. 水砂纸使用时__A__打磨。

A. 选用号数小的　　　　　　B. 选用号数大的

C. 选用中间号　　　　　　　D. 任意使用

3. 大面积门板施涂油时应用__A__操作方法。

A. 蘸油→开油→横油→理油　　B. 蘸油→开油→理油→横油

C. 蘸油→横油→理油→开油　　D. 蘸油→理油→开油→横油

4. 清油是由__D__配制而成的。

A. 清漆加松香水　　　　　　B. 桐油加汽油

C. 清漆加汽油　　　　　　　D. 桐油加松香水

5. 贴壁纸时对墙面及顶棚上电器及开关等应__C__。

A. 一律去掉　　B. 部分去掉　　C. 妥善处理　　D. 重新调整

6. 厚漆是由__A__。

A. 颜料与干性油混合研磨而成　　B. 颜料与清漆混合而成

C. 铝粉加鱼油混合而成　　　　　D. 沥青冶炼而成

7. 磨砂玻璃的作用是__C__。

A. 透视不透光　　　　　　　B. 透光也透视

C. 光线照射不扩散　　　　　D. 光线照射后扩散

8. 抹灰面裱糊时应先嵌补__A__。

A. 石膏腻子　　B. 桐油腻子　　C. 胶油腻子　　D. 胶粉腻子

9. 混色涂料工程透底是由于__C__。

A. 施涂时刷毛较软　　　　　B. 施涂时用力过轻

C. 面漆太薄或刷毛较硬　　　D. 底漆颜色比面漆浅

10. 壁纸裱糊后,发现有空鼓、起泡可__C__处理。

A. 用刮板抹压　　　　　　　B. 用针刺放气

C. 用刀切开泡面,加涂胶黏剂　　D. 不用处理

11. 无光漆施涂工具的毛刷应采用__B__刷具。

A. 适长 B. 比较适长 C. 短些 D. 比较短些

12. 增塑剂的作用是　D　。

A. 增加色彩 B. 增加涂膜厚度

C. 起溶剂作用 D. 增加漆膜柔韧性

13. 建筑涂料　C　使用。

A. 按进库日期 B. 按购买日期

C. 按出厂日期 D. 可以任意

14. 装卸建筑料时应　C　。

A. 轻取轻放,可以摩擦,但不得翻滚

B. 轻取轻放,不得摩擦,必要时可以翻滚

C. 轻取轻放,不得摩擦,不得翻滚

D. 不必轻取轻放,但不得摩擦和翻滚

15. 板材表面腻子嵌批时要比物面　A　。

A. 略高些 B. 略低些 C. 一样平 D. 高低均可

16. 喷浆掉粉、起皮是由于　A　。

A. 涂料任意加工 B. 基础干燥

C. 涂料黏结力好 D. 腻子胶质太多

17. 腻子中常用的填充料有　D　。

A. 水泥、生石膏粉、滑石粉 B. 生石膏粉、滑石粉、硫酸铜

C. 厚漆、熟石膏粉、滑石粉 D. 熟石膏粉、滑石粉、碳酸钙

18. 属于天然树脂的　D　。

A. 聚氨酯 B. 环氧树脂 C. 鱼油 D. 虫胶

19. 用碱洗法进行旧涂膜处理为防碱液滞流可向碱液中加入适量

　B　。

A. 水泥 B. 石灰 C. 氯化钠 D. 硫酸铜

20. 水性乳液型丙烯酸类乳胶漆　D　。

A. 有毒 B. 有刺激味,施涂时要通风

C. 基本无毒但要通风 D. 无毒

四、问答题(5题,30%)

1. 如何用火燎法处理木材表面翘刺?

答:木材表面如有翘刺,可在表面刷些酒精,并立即用火点燃,但不能将木材表面烧焦。火燎后的翘毛绒刺竖起、变硬、变脆,便于打磨干净。用此法应注意安全,面积大要分块进行。工人作业时,近处不能有易燃物。

2.环境和气候对涂料质量有什么影响?

答:环境和气候对涂料质量有很大影响,施工环境不卫生、露天作业,如周围灰渣没有打扫干净,灰尘飘扬会污染涂膜;在潮湿的地方或雨季、阴天和有霉气的地方加工,就有可能发生涂膜收缩(俗称"发笑")、泛白等现象;生漆涂料在冬季施工因气温过低会造成生漆涂料不干。所以都同环境和气候有很大关系。

3.涂料的作用是什么?

答:涂料主要是起保护和装饰作用。在物体表面涂上涂料,结成一层牢固的薄膜,与周围的空气、水气、日光等隔离,保护物体免受各种侵害。它还有各种颜色和光泽,可以增加美观度,改善环境。另外,特殊涂料还有防污、防霉、耐高温的作用。

4.溶剂型涂料涂饰工程质量主控项目有哪些?

答:(1)涂料的品种、型号和性能应符合设计要求;(2)颜色、光泽、图案应符合设计要求;(3)涂刷均匀、黏结牢固,不得漏涂、透底、起皮和反锈;(4)基层处理应符合规范要求。

5.墙面装饰的目的是什么?

答:外墙面装饰的目的是提高墙体的防潮、防风化能力,改善墙体的保温、隔热性能,增强建筑的艺术效果;内墙面装饰的目的是改善卫生条件,增强采光效果,使室内更加美观、平整;对特殊房间还具有防水、防潮及声学上的意义。

参 考 文 献

[1] 中华人民共和国建设部,中华人民共和国国家质量监督检验检疫总局. 建筑装饰装修工程质量验收规范(GB 50210—2001)[S]. 北京:中国建筑工业出版社,2002.

[2] 中华人民共和国建设部,中华人民共和国国家质量监督检验检疫总局. 住宅装饰装修工程施工规范(GB 50327—2001)[S]. 北京:中国建筑工业出版社,2002.

[3] 中华人民共和国住房和城乡建设部,中华人民共和国国家质量监督检验检疫总局. 建筑施工安全技术统一规范(GB 50870—2013)[S]. 北京:中国建筑工业出版社,2013.

[4] 建设部干部学院. 涂裱工[M]. 武汉:华中科技大学出版社,2009.

[5] 建筑工人职业技能培训教材编委会. 抹灰工[M]. 2版. 北京:中国建筑工业出版社,2015.

[6] 刘永海. 涂装工(技师、高级技师)[M]. 北京:机械工业出版社,2008.

[7] 住房和城乡建设部人事司. 抹灰工[M]. 2版. 北京:中国建筑工业出版社,2011.